職場認真
05

跟以色列人做生意和你想的不一樣！

造就以色列成為科技強國的**七大溝通**和**創新模式**

ISRAELI BUSINESS CULTURE

Building Effective
Business Relationships with Israelis

Osnat
Lautman

奧絲娜・勞特曼 著
龐元媛 譯

推薦序一

創新就是資源

中華民國對外貿易發展協會董事長　黃志芳

這是一本闡述以色列企業精神的著作，讀起來相當有趣，並且可以幫助我們了解以色列人。

台灣多數人並不了解以色列，一般人對以色列的印象是「很會打仗、很先進的國家」，而少數曾與以色列打過交道的人，卻常有「以色列人很難溝通、很敢要求、不尊重人」等抱怨。

舉個例子，台北世貿中心國際貿易大樓（國貿大樓）有許多租戶是國際級企業及外國駐台單位，因此國貿大樓的保全體系算是相當周延。但是保全人員一聽到二十四樓的「以色列經濟文化辦事處」就頭大，因為該辦事處常以高標準的反恐跟防恐角度對大樓保全提出建議（也就是要求），以色列的安全人員也經常在大樓出入口等角落「散步」，提出加強安全之多項意見。而以色列人在提出意見和建議時態度多半相當直率強硬，這對習於溫良恭儉讓的國人而言，就會有上述「要求多、難溝通、不尊重」的感覺。

當你看過這本書，知道「chutzpah」的意義之後，你就會了解以色列人為何會讓人有這種感覺了。

我在二〇一八年四月帶領「高科技暨新創企業參訪團」赴以色列時，學到 chutzpah 這個名詞，這是源自於中歐地區猶太人的意第緒（Yiddish）語，這句話融合了「勇氣」、「大膽」、「公然冒犯」等等的詞意，形而於外就是不懼尊卑、挑戰權威、耿直敢言的表現。以色列人身處險惡環境，實在無暇溫吞吞地溝通，必須採取直接有效的討論模式，以快速得出解決方案，而「大膽、冒犯、無禮」就是代價。為了生存，以色列人從小就培養了這種 chutzpah 思維。在台灣的職場，挑戰一個長官的想法會被視為挑戰他／她的權威，所以不容易發生，但在以色列，這是稀鬆平常的事。我從以色列返國時，在特拉維夫機場就寫了一封公開信給貿協全體同仁，鼓勵他們發揮 chutzpah 的精神，讓貿協更有創意及活力。

以色列人的企業精神在上述 chutzpah 的支撐之下，勇於大膽創新就不令人意外了。以色列被譽為新創之國（Start-Up Nation）的確是名不虛傳，我在去年（二〇一八）率團訪問以色列創新局時，讓我印象最深刻的是簡介手冊上的一句話：Innovation is our natural resource! 台灣因為缺乏天然資源，所以我們常說「人力就是資源」，然而以色列則提升到更高層次「創新就是資源」，實在是發人深省。

但是創新是有風險的，大家都知道創新企業的成功比率不高，依據 Israel Venture Capital（IVC，以色列風險投資研究中心）的統計，從一九九五至二〇一四年的二十年之間，以色列共有一萬一百八十五家新創企業產生，至二〇一四年只有四百八十家成功（成功率僅四．七％）。以色列人勇於創新的背後，除了上述 chutzpah 精神支撐之外，還有「勇氣」及「包容」兩大要素。勇氣讓他們勇於承擔風險；包容讓他們坦然接受失敗。Chutzpah、勇氣、及包容早已融入以色列人的D

NA當中。我們要學習他們的創新，就必須要了解創新背後的支撐要素，並進一步思考我們的文化是否能夠催生這幾項支撐要素。

這本書也透露了一些有趣的訊息：例如說以色列人竟然也愛拉關係（以色列人稱之為Protektzia，意指「動用關係」、「運用人脈」），而且這種「拉幫結派」的源頭居然還是來自於軍隊。原來以色列長年征戰、長期徵兵的結果，平民百姓受到軍隊文化的影響不小。年輕人在入伍之前（通常是十八歲）的社會經驗有限，當兵期間在軍中認識了各路英雄好漢（以色列菁英）自然成為他們的人脈網。服役愈久袍澤之情愈深，退伍之後自然會將這些人脈帶進社會。Protektzia雖然不太公平（不見得就是違法），但卻是人情之常。

我的解讀是：Protektzia現象正足以顯示軍隊對以色列的影響。許多人在研究以色列新創產業的時候，會驚訝於不少創業家竟是出身於以色列國防軍的Unit 8200（以色列的情報單位之一，早期專事無線電訊號及有線電話分析，後來逐漸延伸到對廣播及網路之情報蒐集），可見軍中人脈對於企業發展的正面效益。根據

《富比士》雜誌統計，Unit 8200 所培養出的人才創立之企業已超過一千家，說它是億萬富翁孵化器毫不為過。

這本書的作者歸納外國人與以色列人交手之經驗，整理出「典型的以色列人行為」。並運用 ISRAELI 這幾個大寫字母，將以色列人在商業文化上的特質做了一個淺顯易懂的彙總：

I 代表「不拘小節」（Informal）

S 代表「直言不諱」（Straightforward）

R 代表「勇於冒險」（Risk-Taking）

A 代表「雄心勃勃」（Ambitious）

E 代表「積極創業」（Entrepreneurial）

L 代表「聲高氣響」（Loud）

I 代表「隨機應變」（Improvisational）

將以上七個字母連結起來，剛好是 ISRAELI，具體呈現了以色列人的特質。

了解了 chutzpah 思維，再加上 ISRAELI 的七項特質，相信讀者在與以色列人溝通交往的時候更能得心應手。

最後，我要感謝將《跟以色列人做生意，和你想的不一樣！》這本書中文版導入台灣的藍濤亞洲總裁黃齊元執行長，並期待這本書能幫助台灣業者「攜手前進以色列，產品銷往全世界」！

推薦序二

如何和以色列人合作愉快？這是第一本，也是唯一的解答

駐台北以色列經濟文化辦事處代表 游亞旭

我有幸受邀為這本書，也就是《跟以色列人做生意，和你想的不一樣！》的繁體中文版，撰寫序言。除了榮幸之外，也感到非常愉快，因為我過去四年來擔任以色列駐台代表，相信這本書的問世，能大幅增進以色列與台灣的關係。幾個月前，我在辦公室收到這本書的英文原版，馬上拜讀，覺得這本書**一定**要在台灣出版繁體中文版。我看完後不久，聯繫了作者奧絲娜・勞特曼女士，後續的結果就呈現在你的眼前。我非常榮幸能見證繁體中文版製作期間各相關人員熱情地投入。提到這本書，絕對不能不提幕後的推手，是一位來自台灣、誠摯待人的藍濤亞洲總裁黃齊

元先生。黃先生是我的朋友，也是以色列的朋友，但千萬不要誤會，他最重要的身份，是傑出、殷實且成功的商業人士。他多年來在以色列做生意，基於商業的專業考量，和以色列有多年的合作經驗。這本書的繁體中文版得以問世，代表黃先生對於推動以色列與台灣之間的商業關係的深切誠意。我非常感謝他願意向台灣的商業界推介這本書。要知道黃先生跟以色列做生意已經有多年的經驗，成果也非常令人敬佩。想想他要是一開始在以色列做生意的時候，就有這本書可以參考，他該有多開心。

最近幾十年來，我們親眼見證了以色列與台灣在許多領域的關係，於深度與廣度都有顯著成長，例如青年交流與學術合作帶動了旅遊與文化的關係，另外在科技、經濟、貿易與商業關係也有明顯的進展。

大家都知道，以色列與台灣有許多共同點，而且是遠比表面上能看到的還多。然而我們也不能忘記，以色列與台灣還是有些不同。以色列與台灣雖然同樣位於亞洲大陸，彼此之間卻有八千多公里的距離。不僅地理位置的距離，在許多方面也同樣有著距離。以往，以色列與台灣雖然各自擁有世上發展程度最高、最先進的文明，卻甚少往來。

然而近幾十年，地理位置所形成的障礙不如以往那般難以克服，因此再也無法阻擋兩地人民的交流。現在我們造訪國外，幾乎不會意識到「出國旅行」這件事，其實是人類史上的新現象。雖然阻礙交流的語言障礙仍然如昔，依然普遍存在，但已有許多方法可以化解，或者至少盡量減少這層障礙。如今，我們出國前，有太多資訊可以蒐集，能預先了解這個國家的地方、人民與文化等等。但是要在一個全然陌生的國家，與文化完全陌生的人民做生意，很多人難免會覺得非常不安，甚至尷尬，因而裹足不前，進而造成經濟上的損失。其實遇到這種情況會覺得不自在的人，比那些不會覺得不自在的人擁有更大的優勢，因為他們至少了解隔閡確實存在，也明白必須先縮小隔閡，才能溝通順利，也才有希望談判成功，最後達成共識。

倘若缺乏準備，就很難與來自不同文化的人有效溝通，如今有許多工具可以幫你做好準備。這本書即是務實又實用的工具，幫助讀者洞悉以色列企業文化中絕大多數的「祕密」。

以色列是個小國，人口大約九百萬，更重要的是以色列具有非常獨特的特色，包括語言、大部份人口所信仰的宗教，以及以色列社會身為「熔爐」及真正的移民社會的特質。以色列的這些特質，讓這本書所提供的溝通工具更顯得不可或缺。以色列是世界上唯一使用希伯來文的地方。這種情況和那些眾多人口使用的語言（中文應該算是個好例子），或是幾個國家共通的語言（例如阿拉伯文、西班牙文、法文等等）很不一樣。如果你能使用希伯來文，跟以色列人交流就容易多了，問題是，有幾個非以色列人會說希伯來語呢？況且，要了解以色列、了解以色列的企業文化（當中有不少微妙之處），以及和以色列人溝通，僅僅會說希伯來語是絕對不夠的。

然而，現在全球各地越來越多人希望能在以色列做生意。這要歸功於以色列人多年來在許多科技領域屢有斬獲，得到三百五十家跨國企業的信賴與認可，紛紛在以色列開設研發中心，其中包括全球規模最大、資本最雄厚、最具影響力的跨國企業。

如果你想和以色列，以及以色列人做生意，就應該找出最有效率的方法，一同建立堅實的共同點。這本書的繁體中文版，能幫助台灣了解以色列商業人士的思考模式，以及行為模式、溝通習慣、分析與決策的方式等等。另一個重點，是引導讀者以互信與忠誠為基礎，與以色列人建立長遠的合作關係。

無論是好是壞，以色列的企業文化終究與其他國家的不同。以色列人的某些特質，深深影響了他們的商業行為。換句話說，以色列人在商業上的許多行為，與其他國家的人士非常不同。以色列人依循的某些規則與作法，是其他地方所沒有的。

雖然我自己是以色列人，但這本書還是引起我思考：以色列商業人士的特質究竟是什麼？又有什麼獨特之處？作者在書中提出的七個字母組合模式 ISRAELI，我相信大多數以色列人都會認同，也許每一個以色列人都會認同。換句話說，你如果遇到一個不拘小節、直言不諱、敢於冒險、雄心勃勃、積極創業、聲高氣響，又懂得隨機應變的生意人，那極有可能就是一位以色列人。

我三十幾年的職業生涯，一直都是擔任外交人員。一個外交人員，無論來自哪一個國家，出使海外就等於生活在兩種文化之間，一種是祖國的文化，另一種是派駐地的文化。駐守海外的外交人員所面臨的最大挑戰，就是要能解讀派駐地的文化。我真希望四年前自己剛踏上台灣這塊土地時，也能有一本類似這本書的台灣文化指南（無論是企業文化或是其他文化）可以參考。

以色列企業文化有哪些獨特之處？與以色列人共事，合作愉快的最佳策略又是什麼？這本書是第一本，也是唯一的解答。書中介紹簡單又好懂的模型，詳細解說以色列企業文化的主要特色。

以色列與台灣之間的貿易與商業關係，還有遠大的前途與無窮的潛力。以色列與台灣的經濟體在許多方面均能互補，可說是「天作之合」。我相信雙方政府都有誠意，致力提升經濟、商業與貿易關係。但雙方政府與公部門再怎麼積極，終究還是無法取代私部門，也就是以色列與台灣商業人士的角色。這本書是寫給想要做生意的人看的，也適合想要「雙贏」合作，以及想要做好準備、一心追求成功的讀者看的。誰也不能保證最終一定會有好結果，但真心想要在以色列、以及和以色列人做生意的台灣人，若能熟讀此書，依循書中的建議，成功的機率絕對會大增。我現在唯一的心願，是台灣出版社能出版一本好書，內容是給想在台灣做生意的以色列商業人士閱讀，然後翻譯成希伯來文出版……

推薦序三

認定你是朋友，便全心全意毫不保留地付出

藍濤亞洲總裁暨東海大學智慧轉型中心執行長　黃齊元

大約在四年多前，以色列一家頂級的創投透過關係找到我，希望我協助他們在大中華地區尋找投資人及策略夥伴，就這樣開始了我和以色列的奇妙旅程。

我之前完全不了解以色列，也沒有去過那裡，但是心目中一直很嚮往。對我而言，以色列代表了全世界最尖端的科技，以及最具創新力的國度。我對於新的事物一直抱持濃厚的興趣，以色列是我有高度意願學習的領域，賺錢倒還在其次，但視野和經驗的擴展是無價的。

很幸運的是，在歷經千辛萬苦的努力後，我幫以色列客戶找到了一些金主。但很遺憾的是，這些人全部來自中國大陸，台灣那時沒有一家企業或金融機構對以色

列有興趣。只能說台灣太不了解以色列，不過這是四年前，現在台灣已經有了長足的進展。

台灣和以色列有很多相似的地方：雙方均以高科技而聞名世界，以色列擅長於軟體和運算法，台灣則以硬體製造見長。兩者的人口規模均不大，以色列甚至只有八百萬人，為台灣的三分之一。雙方均在外交上孤立，並且被不是很友善的臨國所包圍，以色列直到今天，還是和巴勒斯坦烽火不斷。

然而，以色列似乎比台灣有更強的韌性；獲得諾貝爾獎的科學家人數高達十二位，有二十家以上的新創企業為市值超過十億美元的獨角獸，最近「創世紀號」無人登月探測器更成功繞月球一圈。以色列的技術並非只體現在IT上面，比如說Mobileye開發出全球首屈一指的自駕車系統，而農業的滴灌技術更領先全球，將沙漠轉化成適合農作物生長的農田。

以色列不僅有硬實力，軟實力也不落人後。以色列的文學作品有豐富的文化內涵，近年來已經有十本以上的著作出版了繁體中文翻譯版，包括以色列國寶級大師奧茲（Amos Oz）的作品。

最令人振奮的是，台灣政府和民間終於理解到以色列的重要性。外貿協會於今年上半年，在以色列正式成立代表辦事處，屬台灣第一個落腳以色列的官方機構，未來將積極扮演台以雙方經貿合作的橋樑，意義重大。

雖然台以今年在科技、經貿、學術和文化交流上已有令人驚喜的進展，但相對於中國大陸或其他國家，似乎仍有不足。台以彼此間的交流比較零星，許多重要的觀念，仍然有待突破，否則若以雙方的經貿往來和科技直接投資金額來看，應有更顯著的成長。

在這個背景之下，更有系統介紹以色列的商業文化，似乎成為當務之急。很感謝以色列駐台代表Asher Yarden（游亞旭），他找到了解決之道，那就是由著名管理顧問專家奧絲娜．勞特曼（Osnat Lautman）女士所撰寫的《跟以色列人做生意，和你想的不一樣！》一書。這本書深入淺出，用通俗的語言解釋以色列人的性格以及商業文化和習俗，是一本不折不扣的工具書，從頭到尾沒有深奧的理論，卻有很多實例。

特別有意思的是作者將 ISRAELI 拆成七個英文字母，並用此來形容以色列人和公司，非常有趣，而且一目瞭然，讓人不容易忘記。比如說 Straightforward（直言不諱）和 Entrepreneurial（積極創業）都很傳神。我回憶過去幾年和以色列的交往，對照此書內容，不禁有會心的微笑。

游亞旭先生原先希望我介紹人協助本書的出版，但因為我個人覺得非常有意義，二話不說承諾負責整個出版計畫。我相信，這絕對不是一次性的用途，未來台以之間許多層面的持續交流，都可以借助本書來釋疑解惑。

另外一個支持我出版的重要關鍵動機是游亞旭本人。他在台灣四年，真正愛上了這個地方，而且不遺餘力的從外交、經濟、科技、學術、文化各層面推動台以的交流。以色列人有一個特色，一旦他認定你是朋友，便全心全意毫不保留地付出，從工作到生活、從商業到文化，和你全方位的擁抱，雙方幾乎融合在一塊兒。我被游亞旭先生的精神深深感動，台灣有那麼支持我們的國際友人，說明我們的未來絕對不會孤單。

我唯一感到惋惜的，是游亞旭先生任期即將屆滿，近期將回到以色列。但無論如何，他在台灣已經創造了不朽的傳奇，他所奠定的基礎將帶領未來台以雙方的交流進入一個新的境界。我能夠送給游亞旭先生最好的禮物就是將本書出版，希望能夠成為將來台以交流的聖經，創造出更多光輝美麗的篇章。

目次

中文版序言

奧絲娜・勞特曼

如今，有越來越多的外籍專業人士來到台灣工作，這些專業人士可能來自印度、東南亞、日本、美國，甚至是以色列。因此，面對如此多元的文化背景，我相信這本書對台灣企業是非常實用的。

這本書分析了以色列企業文化的各種面向，但同時，它也說明了各種文化背景的人，可以如何有效率、有創意地一起工作的方法。本書的內容不只是適用在和以色列人做生意，面對各國企業的國際團隊時，也能讓你對應自如、輕鬆自在。

這本書主要分為三個部分：

——以色列企業精神背景

——ISRAELI™ 企業精神特色

——ISRAELI™ 特色的相互作用

第一部：以色列企業精神背景

想了解世界上任何一種文化，必須從了解這個文化的起源開始，這一章探討以色列的歷史、邊界、防禦部隊、宗教、語言等等。這些都是造就了二十一世紀以色列人面貌的關鍵因素。以色列的特殊情勢與過往歷史，全都影響著現在的以色列人在日常生活，以及在商業領域的行為與成敗。

第二部：ISRAELI™ 企業精神特色

一個國家大多數的人民普遍有相同的行事作風，行為模式與文化思想也都一致。在這一章，我會詳細討論以色列人的每一項主要特質，也提供現實生活的案例，以及具體的建議，告訴讀者與以色列人來往的理想方式。這一章的最後，是個方便快速查閱的指南，歸納出 ISRAELI™（以色列人）模型的重點，也提供簡明扼要的建議。

第三部：ISRAELI™特色的相互作用

想要在國際商業界有所斬獲，必須了解來自世界各地的同僚、上司及下屬。這一章要介紹一套工具，提升主管、同僚、賣方、客戶及夥伴的溝通品質，以求與以色列人合作的效益最大化，也許也適用於其他國家人士之間的合作關係。

這本書的目的是要提供實用且務實的建議。建議你在與新夥伴開始合作之前閱讀，合作過程中也可隨時參考，就更能理解你的跨文化經驗。

我百分之百相信，你與日後的商業夥伴，都能受益於此書。

希望你會喜歡新版的內容，也希望這本書能幫助你更了解以色列的文化，能與以色列人合作愉快，也能與每一個國家的人相處愉快。

致謝

我有幸與家人一同在美國生活了幾年。在那一段美國歲月，我必須走出舒適圈，離開熟悉的一切，包括我的語言、文化、親戚朋友。我要感謝那段期間我在美國認識的每一個人。謝謝他們帶領我認識我的祖國，發掘以色列文化的特色。

我感受到故鄉與新家之間有很深的文化隔閡，也因此特別想深入探究這個主題。我大量訪談全球各地的商務人士。訪談過的對象太多，無法一一指名感謝，但我要感謝他們每一位不吝與我分享與以色列人合作的經驗。這本書的內容，便是從訪談資料歸納出來的知識。

我也要特別感謝聘請我擔任顧問、開設課程，或是舉辦演講的每一家全球企業。每一次合作，我都能領悟新的知識。客戶所分享的全球思考邏輯，以及他們的國家的商業文化與價值觀，都讓我得以整理自己的思想，了解我自己的文化的細微差異。我也非常感謝每一位與我分享自身經驗與見解的第一版讀者。真的謝謝你們的回應，我才知道現在的第二版應該加強探討哪些觀念。

深深感謝 Margo Eyon 翻譯這本書的英文版，費心編輯整本書，第一版與第二版都是，又在整個製作期間不斷提供建議與協助。Margo，如果沒有你，最終的成品不會是現在的樣子，謝謝你。

最後我也要感謝我的另一半 Eli Mansoor，特別謝謝他在這本書寫作期間，對我的關懷與支持，也謝謝他針對書的內容給予建議，又分享他自己從商業實務經驗所累積的精闢見解。無論是在我的人生還是職業生涯，Eli 都是不可或缺的伴侶。

奧絲娜・勞特曼謹識

緒論

探討以色列國的著作不少，討論的範圍包括歷史淵源、地理疆域、風俗民情、政治、宗教、軍事與國防政策，以及重大科技成就。但關於以色列企業精神的著作卻不多。與國際企業有生意往來的以色列企業不在少數，但到目前為止，還沒有一本書深入解析以色列的企業精神，以及其他國家的商業人士該如何在心態與溝通上縮小和以色列企業精神的差異。我擔任企業顧問，專長是跨文化溝通，研究的正是這個問題，同時也從與各國人士的訪談當中，了解他們與以色列人合作的經驗。

Quora是一個線上問答網站。有一位在矽谷工作的先生在網站上問道：「跟以色列人共事為什麼這麼頭痛？我認識三、四個以色列人。有一個超級聰明，還有兩個是行銷大師，可是每一個都真的超級難搞。為什麼會這樣？大家跟以色列人共事，會不會有這種感覺？他們為什麼這麼難搞？」[1]。我相信商務人士看完這本書之後，就再也不會跟這位在網路上發牢騷的先生有同樣的想法。了解了文化，跨文化溝通就會更加順利，進而助長真誠互信的商業關係。

我在做研究的過程當中，常常聽見有人說以色列人多半很聰明、有創業精神、會堅持到底、不喜歡做長期規畫、有創新思考的習慣。這裡面有一些也是國際商業界所欣賞的特質。但是我訪談的對象說完這些優點，下一句就是細數跟以色列人在商場上打交道時，所遭遇的種種不愉快。大多數的國家對以色列人的印象，不外乎傲慢、強勢、粗魯又衝動。

在這本書的開頭，我必須強調「文化」研究探討的是群體，因此難免會概括而論。我們當然不應忘記，群體之內的每一個人都是獨特的個體。一個人之所以成為現在的樣子，是種種因素交加的結果，包括家庭（父母與兄弟姊妹）、宗教信仰、社經影響，以及個人的信念等等。每一個社會總有一些人偏離整體文化。每一個文化也總有一些人特立獨行。

更何況想要了解個體，必須先建構一個模型，才能與總體的模型比較，凸顯兩者的異同。想要了解獨特性，比方說一個以色列人為何會不同於絕大多數的同胞，竟然擅長做長期規畫，就需要了解總體文化的模型，做為基準。而且我們最先注意到的，並不是少數的偏離，而是多數的行為。

胡普斯發表了一個循序漸進的經典模型[2]，能幫助我們逐漸深入了解另一個文化：

一、**民族優越感**：認為自己的世界觀是世上唯一合理的世界觀。

二、**他者意識**：了解他人的世界觀的存在。

三、**理解**：尊重外來世界觀的合理性。

四、**接受**：接受他人的世界觀，不做價值判斷。

五、**有意識的價值判斷**：以文化上類似的公平標準，將自己的世界觀與他人的世界觀互相比較。

六、**選擇性採納**：將外來世界觀的一部分納入自己的世界觀。

換句話說，胡普斯認為我們從只看得見自己的文化，到能全然接受，甚至擁抱另一種文化，必須經過六個階段。到了最後，我們會領悟同一個文化的次級團體之間細微的差異，例如東德人與西德人之間的差異，以及不僅是紐約人與其他美國人之間的差異，甚至包括曼哈頓居民與大紐約地區的郊區居民，或是其他行政區的居民的差異，或是猶太族法國人與基督徒法國人的差異等等。

如果從來沒研究過自己的文化，從來不了解自己文化的定義，那也很難正確評斷其他的文化。我們拿自己的文化當作指南針，將其他文化拿來比較，予以定義、衡量。在國際企業，與來自世界各地的族群合作，最大的困難並不是不了解他人，而是不了解自己，也就是不了解我們自己的文化、規範與信仰，不了解能操縱我們所有的言語溝通與非言語溝通的強大潛意識文化根源。

觀察所有類型的行為，並不能深入了解任何一個國家的文化，包括以色列的文化。想要真正了解以色列的企業精神，就要研究其起源、價值、規範與信仰。多年來我在全球各地多次開設課程，每次一開始我都會將學員按照國家分組，例如以色列人一組，德國人一組，中國人、美國人、英國人等等也各自形成一組。接下來我要求各組在討論過後，列出自己的文化的主要價值。

學員一開始往往覺得這個任務很困難，因為很少人需要在日常生活衡量自己的傳統與價值。我們都習慣了不假思索，直接接受社會的規範。爸媽教導我們什麼是能接受的，什麼是不能接受的，我們就聽從，也會以身邊其他人的行為作為依據。到了我的跨文化課程，卻要從潛意識挖掘出主要文化價值，自然會覺得困難。

很有趣的是，參加我的課程的許多以色列學員儘管來自不同的企業，擁有不同的職務，列舉的價值卻極為相似。下列是兩個例子：

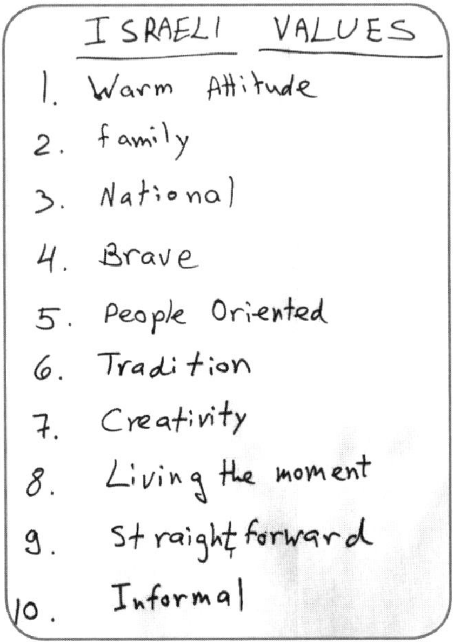
ISRAELI VALUES
1. Warm Attitude
2. family
3. National
4. Brave
5. People Oriented
6. Tradition
7. Creativity
8. Living the moment
9. Straightforward
10. Informal

以色列人的價值

一、態度親切
二、家庭
三、民族
四、勇敢
五、以人為本
六、傳統
七、創造力
八、活在當下
九、直言不諱
十、不拘小節

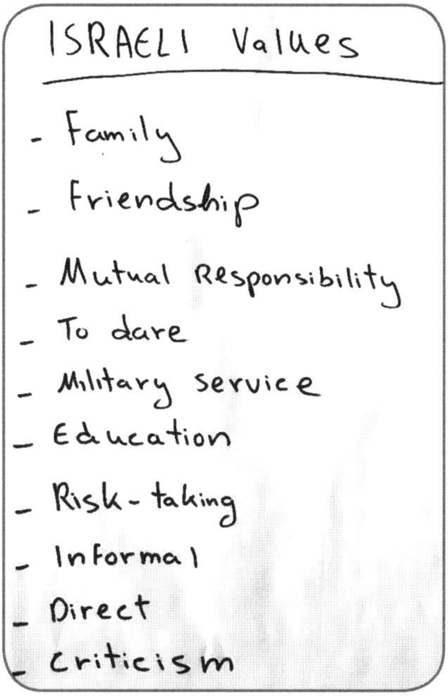
ISRAELI Values
- Family
- Friendship
- Mutual Responsibility
- To dare
- Military service
- Education
- Risk-taking
- Informal
- Direct
- Criticism

以色列人的價值

——家庭

——友誼

——互相負責

——果敢

——兵役

——教育

——敢於冒險

——不拘小節

——直率

——批評

多年來，參與我的課程的許多以色列學員，列舉的價值幾乎一模一樣，以下是總結出來的清單：

一、重視家庭
二、民族與個人的相互責任
三、直率
四、態度親切
五、敢於冒險
六、以人為本
七、靈活與創造力
八、不拘小節
九、批評
十、活在當下

這是以色列人自己列出的價值，但在這本書，我要深入探討非以色列人對於以色列人的看法，以及以色列人的行為的起源與基本價值。

這本書是寫給以色列人以及非以色列人看的。以色列人想要與各國人士溝通順利，看了這本書就會更了解自己的文化，也會了解外界如何看待、如何解讀以色列人的行為。從別人的觀點看看我們自己，向來是了解我們自己的文化體系的好辦法。以色列人如此一來就有機會調整自己的行為，跟不同的族群溝通更順利，合作更愉快。

非以色列人看了這本書，也能洞悉以色列文化的主要特質、和以色列人溝通的技巧，以及遇到牽涉以色列人的現實商業情況，該如何應對、如何決策。書中所有的資訊，都有文化研究的理論與實務為依據。等你知道了該如何應對，跟以色列人合作就會輕鬆許多。你會知道哪些是以色列人的典型行為，明白這些行為的起因與優勢，遇到讓你覺得不悅的行為，也不會誤以為對方心懷惡意。

我在這本書討論的以色列企業精神的主要特質，是我歷經與商務人士的數十場訪談，從他們與以色列人共事的經驗所歸納出來的。我把重點放在他們在實際經驗中所發現的「典型以色列人的行為」，再依照我自己在跨文化溝通的知識與經驗，予以分析。我訪談過的每一個非以色列人，無論來自哪一個國家，分享的心得幾乎一模一樣。這種全面一致的現象，代表著某種「客觀」，至少非以色列人對於以色列人的主觀定義存在某種客觀。

我將蒐集來的資料整理成一個如下表的架構，創造出 ISRAELI（以色列人）模型。ISRAELI 是縮寫，每一個字母都代表以色列商業文化的整體特質：

I	Informal	不拘小節
S	Straightforward	直言不諱
R	Risk-Taking	敢於冒險
A	Ambitious	雄心勃勃
E	Entrepreneurial	積極創業
L	Loud	聲高氣響
I	Improvisational	隨機應變

看完這本書，你會知道跟以色列人打交道要如何辨識這些特質，學會跨文化商業溝通的技巧，以及了解該如何攜手合作，才能在商場上無往不利。你也許因此與你的以色列工作夥伴發展出深厚的交情，說不定還會結交幾位一生的摯友。

誰都希望能了解自己共事的對象，希望能信任對方。了解以色列商業文化的背景與本質，以後就更能信任你的以色列同事、搭檔、客戶等等，還會更了解自己的文化。

勝人者有力，自勝者強。知足者富。

——老子《道德經》

深度探索：能不能避免文化概括？

「文化」研究牽涉到群體，因此脫離不了概括而論。我在前面說過，每一個社會都有一些人偏離整體文化。每一個文化都有一些人特立獨行。那麼有沒有一個更好的文化研究方法，可以避免概括而論？我們能不能以更好的方法了解個體，好讓跨文化溝通更為順利？

我們要了解來自不同文化的任何一個人，首先要做的就是概括而論。想要深入探究，概括是必經之路，而且說來好笑，一定要經過概括之後，才能看出一個人的獨特之處。但是柏林藝術大學的拉斯婕教授卻認為這樣的文化研究非常危險。在她看來，這種傳統研究會產生四大問題[3]：

一、把個體簡化成一種群體的宣示。

二、以為差異是「永恆」，不了解人會隨著時間改變，會因為在職場與私生活不斷累積的經驗而改變。

三、堅信大規模文化差異存在，因而助長了敵對與外團體的動態。

四、假裝教育訓練能避免衝突。

拉斯婕教授認為，要想解決這些問題，需要依據不同的文化典範，設計出新的訓練。首先必須要了解，我們每一個人都有好幾個層次。「我們每一個人都是米其林人」[4]。比方說我自己是女人，四十幾歲，猶太人，母親，妻子，顧問，自由業者，以色列人，女兒，姊妹，旅人，定期做瑜伽，還有其他身份。每一個層次都是我，但我扮演每一個角色，都會以不同的方式與周遭的環境溝通。我做顧問比較重視政治正確，身為以色列人非常直率不拘小節，扮演女兒也遠比扮演母親驕縱。

我們也是各種組織的成員，在熟悉的組織當中遊走，依據已知的情境，調整自己的行為。我上瑜伽課、到世界各地旅行、到學校接孩子，所穿的服裝都不相同。我確實是以色列人，但我最重要的身份是一個個體，一個人，而不是一個「樣本」。

組織將個體串連起來。我們想加入新的組織，往往會發現溝通非常困難，因為缺乏歸屬感。換句話說，語言並不是唯一的障礙。我們在新組織認識新的人，絕對不能按照以往的習慣行事。有時候甚至還得養成新的習慣，才能建立關係。而認識新的人，尤其是來自不同文化的人，也能讓我們檢視自己，探索自己的文化。

我覺得雖然我們每一個人都有許多層次，並不只是群體、民族或文化的代表樣本或是代表模型，但研究不同文化的主要特質還是很實用、很重要，也有必要，而且還要——沒錯——概括而論，才能掌握大趨勢與小細節。想要跟一個人順利溝通，關鍵在於對於這個人的文化能不能有基本的認識。了解其他文化的重要模型與主要特質，就能深入洞悉他人，無論是將他人當作其所屬文化的產物，還是當作獨特的個體看待。

第一部
以色列企業精神的背景

我們如果知道一個人的家人、朋友、職業等等，要了解這個人就容易多了。知道了這些，就會明白這個人目前成功或失敗的原因。同樣的道理，觀察一個國家的歷史、地理與人口，就能更了解這個國家的主要特質。

因此我們在討論跨文化主題，以及以色列企業精神的主要特質之前，必須先了解關於以色列這個國家的幾個重點，包括歷史、疆界、軍事、宗教、語言，以及令人讚嘆的發明。你會發現以色列這個國家雖然很年輕，卻擁有源遠流長的歷史，影響著我們的日常生活與商業。當年以色列開國元勛的精神，也深深烙印在如今的種種現實與結果。

昨日影響了今日，今日決定了明日。

——以色列第一位總理本古里昂

歷史

史學家所了解的以色列古代歷史，多半來自《希伯來聖經》，可追溯至亞伯拉罕。亞伯拉罕是猶太教之父（透過他的兒子以撒），也是伊斯蘭教之父（透過他的另一個兒子以實瑪利）。以色列這個名字源自亞伯拉罕的孫子雅各，《希伯來聖經》的上帝將他的名字改為「以色列」。

猶太人大約從公元前一〇三〇年，至公元七〇年統治以色列地，中間有幾次短暫中斷。在接下來的幾百年間，以色列地被各族群攻占統治，包括波斯人、希臘人、羅馬人、十字軍、埃及人、鄂圖曼帝國等等。

歷經許多世代，以色列地始終有猶太人存在。流散在外的以色列人也一心想返回以色列地。到了現代，猶太復國主義（猶太人復國運動）主張在家園重建猶太人的主權國家。於是大批猶太人移居祖先的聖地，在當地建立社區。從一八八二年至一九〇三年，大約三萬五千名猶太人移居。從一九〇四至一九一四年，又有四萬名猶太人定居聖地。從這段期間，一直到以色列國建國，整個地區的許多阿拉伯人看上猶太人打造的優質環境與發展，紛紛遷徙至聖地，但這些阿拉伯人也暴力打壓當地的猶太人。

隨著第一次世界大戰於一九一八年結束，鄂圖曼帝國四百年的統治也宣告終結。大英帝國接手統治當時的巴勒斯坦（現在的以色列、巴勒斯坦與約旦）。後來在納粹統治期間（一九三三至一九四五年），生活在歐洲等地的猶太人逃往巴勒斯坦避難，擁抱猶太復國主義，躲避納粹的迫害。留下來的歐洲猶太人多半被送往集中營與滅絕營，六百萬人遭到屠殺。二次世界大戰之後，大屠殺的倖存者有一些移居聖地，與猶太復國運動人士一起努力建立猶太人的獨立國家。

> 德國納粹對歐洲猶太人慘無人道的迫害、監禁與焚化，深深影響著倖存下來的猶太人，以及已經生活在以色列地的猶太人的心態。這種心態濃縮成四字箴言也許最為貼切：「**永不重來**」。這四個字代表著猶太人除了自己，沒有任何人能依靠，也必須不惜一切代價保衛自己。大屠殺帶來的一場又一場的慘劇，凸顯出猶太人建立主權國家是勢在必行。古老的以色列民族的後代子孫方能不受迫害，保護自己，有實力抗衡任何又想吞併以色列的強權。這種態度便是以色列國的建國理念與生存之道。

以色列於一九四八年宣布獨立。《以色列獨立宣言》宣稱新建立的以色列國是猶太民族的民主國家，也是種族「熔爐」，廣納來自各國的移民。

一九五八年以色列宣示獨立十周年。圖片來源：Pridan [5]

《以色列國獨立宣言》，一九四八年

以色列地孕育了猶太民族。在以色列地，猶太民族的精神、宗教與政治認同得以成長。在以色列地，猶太民族首度建立獨立國家，創造了具有民族與世界意義的文化，並將不朽的《聖經》獻給世界。

猶太人被暴力逐出故土，在離散的歲月仍舊心繫故土，不時祈禱能早日回歸，亦期盼能在故土重獲政治自由。

基於此等歷史與傳統的情感，世世代代的猶太人努力不懈，要在古老的家園重新建國。在最近的幾十年，大批猶太人返回故土，擔任開拓先鋒，涉險回歸，捍衛故土，讓沙漠得以開花，也復興希伯來語，建造村莊與城市，創建一個興盛的共同體，擁有自己的經濟與文化，熱愛和平，也懂得如何保衛自己，進步的福澤廣被所有的居民，並決心朝著獨立建國的目標邁進……

……以色列國將會向猶太移民，以及流散各地的猶太人敞開大門，亦將促進國家發展，造福所有居民。以色列國將秉持以色列眾先知所期盼的自由、正義與和平原則，奉為立國精神，保證全體居民不分宗教、種族與性別，均享有完全平等的政治與社會權利，擁有宗教信仰自由、思想自由、語言自由、教育自由及文化自由。以色列國誓言保護所有宗教的聖地，恪遵《聯合國憲章》的各項原則……

……我們向所有鄰國及其人民伸出和平、睦鄰、友好之手，籲請諸鄰國與定居故土的猶太民族的主權國家建立合作互助的關係。以色列國也樂意與各國攜手合作，貢獻心力促進整個中東地區的進步……

……基於對上帝的信奉，我們於今日，於安息日前夕，於希伯來曆五七〇八年以珥月五日，即公元一九四八年五月十四日，於祖國的土地，於特拉維夫市，於臨時國會本次會議，正式簽署此宣言[6]。

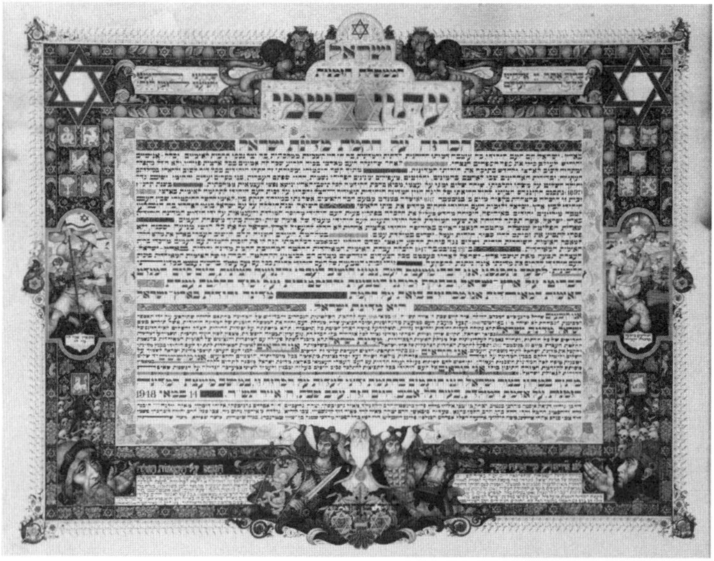

《以色列國獨立宣言》。圖片來源：Mishella [7]

宣布獨立雖然是猶太民族的勝利，卻也代表著猶太人與阿拉伯人的暴力衝突更為頻繁（見「軍事衝突」的「獨立戰爭」）。以色列國建國之後，世界各地的離散族群開始大量湧入。每一個族群都有其特色，因此移民也將其所屬族群特有的心態、習俗與文化，帶往新的國家。

最早的幾波移民潮來自東歐。後來的移民來自北非與亞洲。過了很久以後，又有大批前蘇聯與衣索比亞移民湧入。移民潮始終不曾停歇。目前生活在以色列的許多猶太族群，通常是按照祖籍區別，例如阿什肯納茲猶太人（來自東歐）以及塞法迪猶太人（來自北非與亞洲），再按照祖籍所在的國家細分。

人口

根據以色列中央統計局的資料[8]，以色列目前有八百七十九萬三千名居民（編注：二〇一九年已超過九百萬），其中百分之七十四・六是猶太人（六百五十五萬六千名居民），半數是世俗人士，另外半數則信奉猶太教的各宗派，例如傳統、修道，以及極端正統。以色列的猶太人占全世界猶太人人口的百分之四十三。以色列阿拉伯人占以色列人口的百分之二十・九

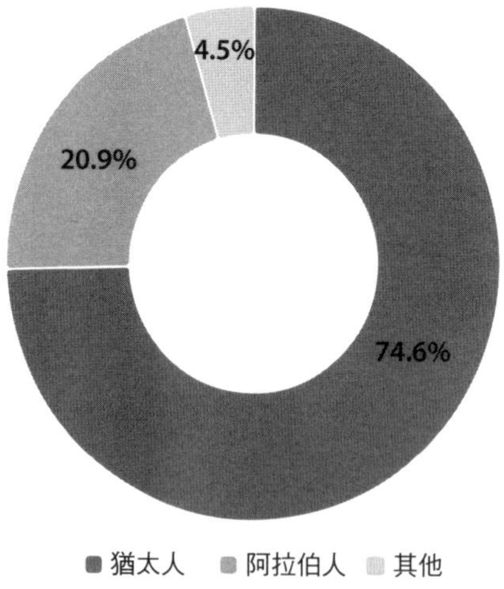

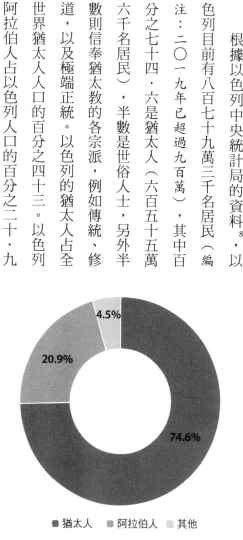

（一百八十三萬七千名居民），其餘的百分之四．五（四十萬名居民）是「其他」（主要是基督徒、德魯茲派、撒馬利亞人，以及切爾克斯人）。

以色列目前的人口，比起建國時期幾乎增加了十倍。當時是八十萬六千人，現在是八百七十九萬三千人。僅僅在二〇一七年，人口就成長了百分之一．九。人口成長足足有百分之八十二來自自然繁育，也就是出生人口增加，死亡人口減少，其餘的百分之十八來自國際遷徙的結餘，意思是移入人口多於移出人口。以色列人口預計將在二〇三五年之前達到一千一百三十萬人。

- 在二〇一七年，三萬名移民來到以色列，其中百分之二十七．一來自俄羅斯，百分之二十五．五來自烏克蘭，百分之十三來自法國，百分之九．八來自美國。
- 大多數的移民之所以來到以色列，是想跟家人團聚，而且身為猶太人，也想在猶太民族的國家生活。見下圖的統計數據。

移民的原因

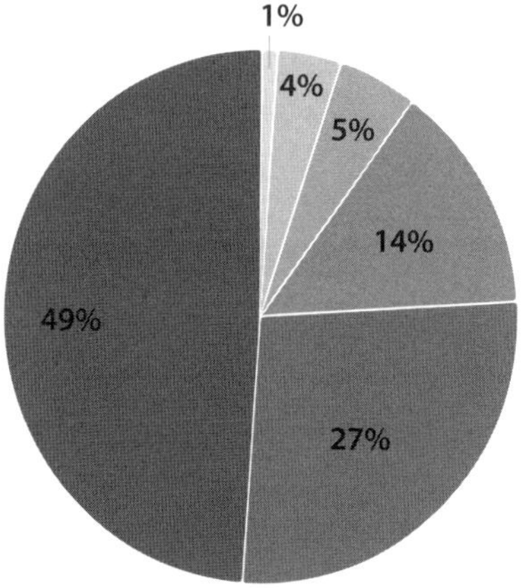

- 身在祖國較有安全感（1%）
- 以色列提供生涯發展與賺錢機會（4%）
- 原居地經濟環境不佳（5%）
- 想要有全新的開始（14%）
- 身為猶太人，想要生活在猶太民族的國家（27%）
- 家人團聚（49%）

資料來源：Zeltzer-Zubida & Zubida [9]

天底下沒有哪一種文化是「通用」的。每一個個體都不一樣，但也會有許多共同點。以色列是一個年輕的國家，國民來到以色列，或者是國民的祖先來到以色列，是充滿雄心壯志，要在這個新國家掙得一席之地。到現在還是有一批又一批的移民湧進以色列。

疆界

以色列南鄰埃及，東接約旦，東北方有敘利亞，北方又與黎巴嫩為鄰。在以色列、埃及與地中海海岸之間，是哈馬斯控制的加薩走廊。以色列與約旦之間的中央山脈，是猶地亞與撒馬利亞山區（又稱西岸），由以色列與巴勒斯坦自治政府共同管轄。東北方是以色列管轄的戈蘭高地，自從以色列在一九六七年的六日戰爭占

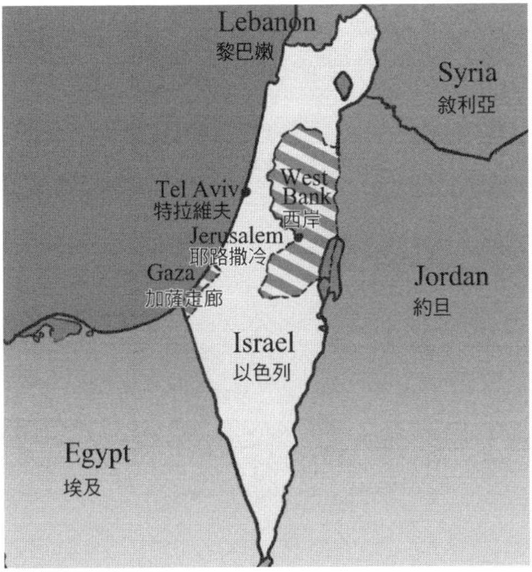

領該地區，到現在敘利亞仍然宣稱擁有戈蘭高地的主權。

以色列的領土較小，周邊圍繞的鄰國又多半不友善，這一點深深影響著以色列的商業。以色列的領土面積是兩萬〇七百七十平方公里，人口是八百萬出頭。以色列人想要在商業上有所斬獲，思考就必須放眼全球。以色列人不可能像很多歐洲人那樣，直接跳上車，把東西賣給鄰國，而是要搭飛機到遠處做生意。

以色列人知道，要笑傲商場，就必須：

一、以英語作為僅次於希伯來語的非正式第二語言。

二、在最早的研發階段，就規畫製造全球商品。

IDF：以色列國防軍

以色列因為地理環境的關係，經常面臨不確定性與潛在威脅，因此實施強制徵兵政策。全國國民不分男女，都有義務在以色列國防軍服役。國家軍事化對於平民百姓的商業活動影響很大，因為以色列的軍官與商業界常有密切的關係。

以色列軍事專家將這種關係稱為「安全網路」[10]，意思是現任或退役的軍方人員，因為認識其他曾在軍方服務的以色列菁英，所以能轉往政商界任職。這些人擁有強大人脈，利用這種非正式、不分階級的「老男孩俱樂部」，幫助彼此在各種民間領域飛快竄升。

Protektzia 是以色列俚語詞，意思是「動用關係」、「運用人脈」。這個概念很像前面提到的「安全網路」，不過生活在每一個領域的每一個以色列人，無論有沒有軍方背景，也許都會有動用關係的時候，尤其是做生意。舉凡在商店排隊，看到隊伍前方有認識的人，就藉機插隊，或是承包一個計畫，因為發包公司的執行長是你鄰居的兒子，這些都算是動用關係。Protektzia 不見得是犯罪行為（只是不太公平），但有時候也是裙帶關係與密室交易的溫床。但無論如何，這就是生活在以色列的現實。

以下列舉幾位在以色列政商界位居要津的以色列退役軍官：

戈藍：從以色列國防軍以少將軍階退役之後，立即轉任 Nammax 石油與天然氣公司執行長。二〇一四年，他因為該公司鑽探失敗而離職，後於二〇一五年出任第三十四任以色列政府的建設部部長。

馬隆：先前是以色列海軍中將，目前擔任以色列機場管理局董事長。

格列克曼：先前是以色列海軍第十三突擊隊（相當於美國海軍的海豹部隊）上校，後來成為以色列電力公司執行長，直到二〇一四年九月辭職。

類似這三位的成功人士，把在軍中累積的經驗帶到商界，以色列國防軍的許多規範與價值也就這樣傳入民間：

- 勇於面對衝突（無論是在戰鬥、日常生活或做生意）

- 隨機應變的能力：以色列人在軍中學會事先做好行動計畫，但也明白計畫隨時都有可能生變，因此也養成了隨機應變的能力，遇到狀況馬上就能想出替代方案。
- 信任上級（指揮官或主管）。
- 承擔責任的能力
- 團隊合作：「人人為我，我為人人。」

「八二〇〇單位」是以色列國防軍的訊號情報蒐集與解密單位（SIGINT），隸屬於情報部隊。這個單位最有名的地方，是培養了許多後來在國內及全球高科技產業擔任要職的菁英。

以下列舉幾位在國內外大放異彩的八二〇〇單位「校友」：

薛德與卡默，Check Point 公司創辦人
巴瑞爾，PayPal 以色列執行長，PayPal 國際營運長
提羅許，Gilat Satellite Networks 創辦人
帕洛爾，以色列安永會計師事務所執行長

《衛報》的一篇報導指出：「以色列的八二〇〇單位出產的科技界百萬富豪人數，比許多商學院還多。」[11]。二〇一三年七月，前以色列國防軍參謀總長甘茨頒發特殊貢獻獎，以表彰八二〇〇單位「在推動以色列國防軍的行動方面，做出了最偉大的貢獻」。

關於以色列的軍事思想對於生活各層面的影響，《今日美國》刊登的一篇報導

提供了一個很有趣的例子。這篇報導的標題是「NBA教練布拉特：籃球教練就像戰鬥機駕駛」[12]。布拉特是以色列裔美國人，也是職業籃球教練。他在一九八一年移民以色列，在以色列國防軍服務。他的成就相當輝煌，例如帶領特拉維夫馬卡比隊贏得二〇一四年歐洲籃球聯賽冠軍。結束了在以色列多年的球員與教練生涯之後，他在二〇一四至二〇一六年執教克里夫蘭騎士隊。

ESPN的麥克曼納敏向布拉特問起身為教練所遭受的批評，布拉特將教練比喻成戰鬥機駕駛。他說，這兩種工作都常常需要在轉瞬之間做出關鍵決策。《今日美國》批評布拉特的比喻是「教練史上最荒唐的比喻」，但看在以色列人眼裡，卻是很有道理。幾乎每一位以色列國民都要在軍隊服役。許多成功人士也將從軍中學到的經驗與慣用語，運用在商業界。因此以色列的軍事概念與術語所衍生出的許多比喻與慣用語，自然也會傳入以色列的企業精神。

在美國的文化，商業界使用運動用語是一種習以為常的慣例。以色列人使用軍事用語也是同樣的道理。例如以色列人常用「瞄準目標」表示努力達成目標的意思，就像美國人說「回本壘」的意思是把事情徹底說明清楚。以色列人一定要「認清界線在哪裡」，美國人則只要「知道大概的數字」。以色列人把談判當成只有一個贏家的「硬仗」，美國人則覺得談判比較像很多球隊都能加入的「聯盟」，贏家也許不只一個球隊。

不同文化的表達方式都不一樣，偶爾出現誤會也是在所難免。在商場上，先了解合作對象的文化，再開始做生意，是一種關乎生死存亡的重要策略（用美國人的行話說是「能決定生死的關鍵」）。

軍中生涯對每一個以色列人的影響都不一樣。有些以色列人在軍中的軍階不高，軍中生活對往後的人生影響有限。我在巴伊蘭大學念碩士班的期間，有一門課叫做「軍隊與社會」。我修這門課的研究過程中，發現一個人在軍隊的軍階越高，軍中生涯對往後人生的影響就越大。我曾在海軍擔任戰鬥人員的體適能教練，也從這份工作學到突破自我極限，永不放棄的精神。不過長遠來看，軍中生涯對我後來的人生並沒有深遠的影響。相較之下，那些就讀海軍軍官學校，在以色列海軍軍艦擔任艦長，負責領導一群年輕的水兵，在海上克服各種複雜的挑戰的高階軍官，所受的影響會比較深遠。

政軍關係專家薛芙認為[13]，以色列是一個很獨特的社會，以下這些層面之間並沒有界線：

一、平民生活與軍人生活
二、宗教與國家
三、公與私

以色列確實是一個獨特的國家，擁有一支人民軍隊，由人民從軍保衛祖國。在大多數的國家，年輕人念完高中之後，會各自選擇升學或是就業，繼續充實自己，培養技能。而在以色列，年滿十八歲的年輕人會成為身穿軍服的軍人，與同袍一同奮鬥，為了一個比自己更重要的志業而努力。這個志業就是保衛以色列國。以色列人年紀輕輕就要接受務實的心智鍛鍊，這段經歷對他們往後的人生與職業生涯也影響深遠。

以色列在思想與行為上，都發展成一個目標導向的社會。

宗教

「猶太教」（希伯來文稱為Yehadut）一詞的出處，是《聖經》所記載的猶大王國（Yehuda）人民所信仰的宗教，因此他們是猶太人（Yehudim）。全世界共有一千四百萬名猶太人，其中幾乎半數居住在以色列。以色列作為一個猶太人為多數族群的國家，確實是獨一無二。外人看來也許會覺得奇怪，畢竟在其他國家，猶太人都是人數不多的少數族群。

在以色列，百分之六十八的猶太人沒有宗教信仰，或是沒有遵守猶太教的所有戒律。這些人叫做世俗人士，其中許多人對於猶太教存有感情，接受猶太教的原則，也依循關於家庭與節日的習俗，但並不會嚴格遵守猶太教的每一條戒律。百分之三十二的以色列猶太人自認為是猶太教各宗派的教徒。他們嚴格遵守猶太教的戒

信奉極端正統的哈西迪猶太教的猶太兒童頭戴皮帽，身穿絲質衣服，站在一群哈西迪猶太教徒當中觀望。圖片來源：Cohen [16]

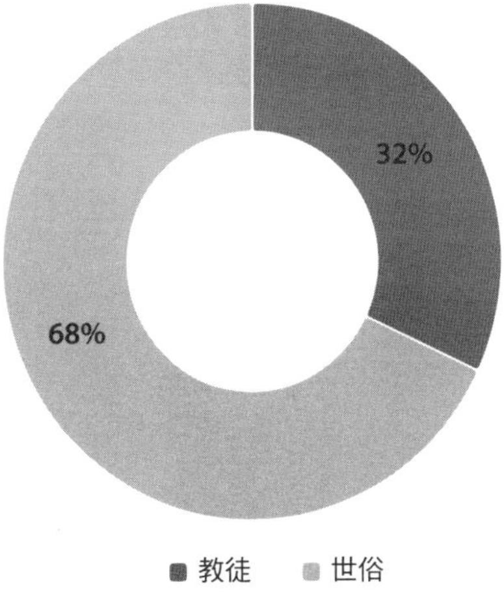

律，生活方式較為保守，衣著也十分樸素。這些人當中的極端正統猶太教徒，僅占以色列猶太人人口的百分之九[14]。

但不爭的事實是，以色列是一個猶太教國家。雖然大多數的以色列人口是世俗人士，宗教仍然深深影響以色列居民的生活。

我們有依據猶太教的節日所設計的猶太曆（這一章的最後會介紹猶太教的節日）。日常生活幾乎每一個層面都脫離不了宗教的影響。猶太教的安息日（希伯來文稱為Shabbat）從星期五傍晚開始，到星期六日落之後結束。在安息日，大多數的商店都不營業，公共運輸與全國連鎖超市也會暫停營業。星期日對以色列人來說是正常的工作日，是一個星期當中的第一個工作日。以色列文化與猶太教的認同是密不可分的。

語言

希伯來語是以色列國的官方國語。在《聖經》的時代，希伯來語也是以色列地的人民所使用的語言。長期下來，尤其是在大流散時代，希伯來語成為一種聖語，適合用於祈禱，不適合用於日常對話。猶太人在世俗溝通使用的是其他語言，例如意第緒語、拉迪諾語、亞拉姆語等等。在十九世紀，在歐洲民族主義運動的浪潮下，現代猶太復國主義崛起，希伯來語也重新成為日常生活使用的語言。本耶胡達引進《希伯來聖經》的文字，予以改良，又參考羅曼語族的詞彙，發明了許多新字，希伯來語也因此得以復興。所以法文的「飛機」（avion），就是希伯來文的aviron。英文的「刷子」（brush）經過希伯來化就變成 mivreshet。

目前大約有一千萬人講希伯來語，但只有五百萬人以希伯來語為母語。希伯來語大概只有四萬五千個單字，英語卻有多達一百萬個單字。希伯來語的單字較少，文字的細微差異自然也較少。而且相較於英語，希伯來語需要多用幾個句子，才能表達同一個意思。

美國、英國、加拿大與澳洲的文化重視細節的程度，遠遠超過以色列文化，也許是因為英文的詞彙比較豐富，比較能精準表達意思，也比較講究精確。例如希伯來語能表達「很好」、「真好」、「太好了」這些意思的詞彙很少。英語還有magnificent、terrific、stupendous 等等的單字能表達類似的意思，希伯來語沒有。

希伯來語不斷吸收其他語言的單字。過去幾十年來的科技不斷進步，很多以色列人也直接使用一些英語單字，例如CD、laptop（筆記型電腦）、deadline（最後期限）、chip（晶片）、roadmap（路徑圖）等等，這些單字久而久之就融入了希伯來語。以色列商人身為地球村的一份子，特別喜歡使用國際通用的字詞，而不是希伯來語科學院發明的字詞。

不過以色列人（就像其他很多國家的人）也很喜歡聽外國人講希伯來語。以下是一些基本用語：

中文	希伯來文
是	*Ken*
否	*Lo*
晚安	*Erev tov*
早安	*Boker tov*
晚安	*Laila tov*
哈囉，再見，你好	*Shalom*
謝謝	*Toda*
請，不客氣	*Be'vakasha*
你好嗎？	*Mah nishmah?*
一切都好	*Hakol beseder*

改變生活的以色列發明

以色列這個國家很年輕（我寫這本書的時候，以色列才滿七十歲），面積很小（大概跟紐澤西州差不多！），但在很多領域都稱霸國際。說以色列人的發明翻轉了世界，真的一點都不誇張。以下是幾個例子：

智慧型汽車

Mobileye 於一九九九年成立，是高級輔助駕駛系統（ＡＤＡＳ）與自動駕駛的視覺科技的全球第一品牌，以提升行駛安全，降低碰撞發生率為目標。二〇一七年三月，英特爾以一百五十三億美元的價格收購 Mobileye，創下以色列史上高科技產業售出的最高價格。英特爾預估，無人駕駛市場的總值將在二〇三〇年前達到七百億美元之譜。

應用程式

ICQ是全球第一個即時通訊應用程式，問世時間比 Facebook Messenger 與 Slack 早了許多。ICQ的發明人，是 Mirabilis 公司的創辦人，也就是以色列人葛芬格、瓦迪、維吉瑟，以及艾米爾。ICQ的成功，促使AOL於一九九八年以四億〇七百萬美元收購 Mirabilis。在當時創下以色列高科技公司售出的最高價紀錄。

Waze 是以色列群眾外包的社交導航GPS應用程式，由夏布台、希納及列文共同研發，將GPS與智慧型手機用戶群互相結合。Google 在二〇一四年以超過十億美元的價格收購 Waze！

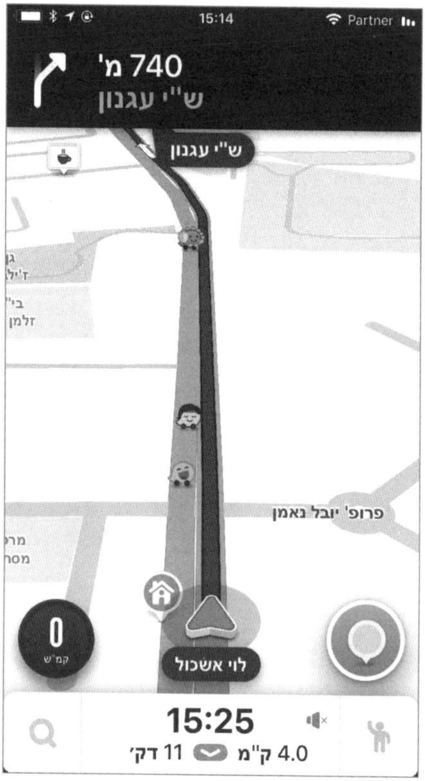

WAZE 導航系統畫面

防禦系統

鐵穹是反飛彈行動式防禦系統，由以色列的拉斐爾國防系統公司以及以色列飛機工業公司共同研發。雷達系統與指揮控制系統分別由兩家以色列公司 Elta 與

mPrest研發。鐵穹在任何天氣都能運作，同時遇到多重威脅也能迅速回應。在二〇一四年的保護邊界行動，鐵穹的成功率超過百分之九十。鐵穹在全球獲得好評，有幾個國家已經表示有意願購買這項科技。

圖片來源：IDF/Matanya [16]

Xaver 系列產品由以色列 Camero-Tech Ltd. 公司於二〇〇四年推出。這家公司是全球穿牆感知技術（ＳＴＴＷ）產品的最大製造商。使用者透過這個系統，能看見隱藏在牆壁或是障礙物後面的多重物體，無論這些物體是靜止還是移動的都能看見。這個系統使用先進微功率雷達科技，獨特的功用能滿足各種軍事、執法，以及國土安全作業需求。二〇一二年一月，ＳＫ集團收購 Camero 公司，Camero 公司得以保留原來的名稱繼續營運。

醫療保健產品

ReWalk 是可穿戴的機器外骨骼，能輔助脊椎損傷患者站直並且走動。ReWalk Robotics 公司由高弗博士創辦。高弗博士身為四肢癱瘓的患者，特別想開發一種新產品，讓脊椎損傷患者能重新開始走路。最近十年來，ReWalk Robotics 從以色列的一家剛起步的小型研發公司，一路發展成國際企業，在美國、德國、以色列都有據點。

PillCam 是一款只有藥丸大小的攝影機，由 Given Imaging 公司製造，可用於觀察並診斷消化道疾病，無須麻醉，也無須採用侵入式內視鏡檢查。Given Imaging 公司於一九九八年成立，二〇一四年三月由 Covidie 公司收購，僅僅幾個月後又由 Medtronic 公司收購。至今已經有超過兩百萬名病患親自體驗過 PillCam 膠囊內視鏡的好處。

農業

Smart Dripper 是一款灌溉用的管線工具組，出水是採取少量噴射的方式。這項產品的問世，在全球掀起灌溉與施肥方法的革命，影響遍及全球的農業。新款的灌溉系統由以色列工程師布拉斯與他的兒子耶夏雅胡共同研發，後來經過父子倆的公司 Netafim 改良並發行。Netafim 如今已是全球最大的灌溉系統製造商。在以色列獨立紀念日的五十週年，Smart Dripper 獲選成為以色列的「十年最佳發明」。

櫻桃番茄是現在非常普遍的櫻桃番茄，由希伯來大學雷霍伏特校區農學院的凱依達教授以及拉賓諾維奇教授所領導的研發團隊，與HaZera公司合作，在以色列新研發的品種。當初的構想是要研發一款方便食用的健康零食，可以一邊看電視一邊吃。其實櫻桃番茄原本的名稱就叫「電視番茄」，是因為外型像櫻桃，才改為現在的名稱，如今在世界各地廣為銷售。

硬體

Disk-on-Key 是一種USB裝置，就像外接的硬碟，運用快閃記憶體，能與主機雙向移

轉檔案。這項產品由莫蘭創辦的以色列公司 M-Systems 所發明。M-Systems 最終由 SanDisk 公司於二〇〇六年以十三億美元收購。這項產品在以色列的名稱 Disk-on-Key，也成為這個重要的新科技的通稱。同樣的產品在其他國家又稱快閃記憶體、USB記憶棒、大拇哥。

以上只是以色列人眾多發明的幾個例子，個個都是國際市場的熱門產品。以色列人確實擁有高超的智慧、巧思與商業手腕，是值得結交的商業夥伴。

深度探索：政治、戰爭、城市、以色列猶太民族節日等

政府與政治

以色列政府是以色列國的行政體系，由各部部長組成。總理領導整個政府，擁有閣員的任免權。政府有權管理大多數的全國公共事務，設有掌管不同領域的部門：國防部（包括以色列國防軍與安全產業）、財政部、外交部、經濟部、教育部、衛生部等等。

總理是以色列國的行政首長，擁有以色列政府體系的最高權力。以色列的現任

總理，也是以色列政壇權力最高的人，是納坦雅胡。他是以色列史上在任第二久的總理，僅次於本古里昂（如果他現在的政府做完整個任期，那他就會是在任最久的總理）。

以色列議會是以色列國的代議與立法機關，由一百二十位民選代表組成。現任的議會是以色列史上的第二十屆。以色列的政府體系是議會民主制。政黨提出候選人名單，經由選民投下政黨票，最後由勝選的政黨組成政府，通常會組成聯合政府。一旦組成了政府，首長就變成總理，其他政黨與聯盟的成員則是任命為部長。以色列政府的權力與權威來自議會，議會也定期監督政府。議會也有權提出不信任投票，推翻政府。

現任以色列總理納坦雅胡，二〇〇九年就任至今。圖片來源：US State Dept.[17]

以色列議會。圖片來源：The World in HDR [18]

以色列總統是國家元首，但因為以色列實行議會民主制，所以總統其實是虛位元首，是國家團結的象徵。總統這個職位，通常是以色列政治人物漫長政治生涯的最後一站。

以色列國第十任總統李佛林，二〇一四年就任至今。
圖片來源：Gideon/GPO [19]

以色列國第九任總統裴瑞斯，二〇〇七至二〇一四年在任。
圖片來源：World Economic Forum [20]

以色列的政治

以色列向來要與複雜的政治議題搏鬥，還要與地方團體及安全問題周旋。以色列的政治從政府的型態開始，同時深受敏感的社會結構影響。以色列因為實行議會民主制的關係，社會結構又像個「熔爐」，所以始終有大小政黨一大堆的問題。最大的地方團體有極端正統、世俗及國家宗教黨的猶太人，還有阿拉伯人。

以色列的政治在內部的社會財政議題以及安全議題之間擺盪，還要面對那些會引發人民擔憂自身生存的議題。安全衝突是以色列政治分裂的上層建築，製造出左派、右派、中間這些大集團。社會政治左派向來的形象，是對於以色列阿拉伯衝突的核心議題的立場較為妥協，而右派的形象則是較為強硬。以色列的政治中間派，是以在左右派之間取得平衡為目標。

目前的執政黨是以色列聯合黨，屬於右派的猶太復國主義派系。黨魁是總理納坦雅胡。

軍事衝突

以色列國建國至今，經歷了七場戰爭與兩場暴動，還有許多軍事衝突。這些軍事衝突不算是正式的戰爭，但的確是以色列與阿拉伯人之間複雜的武裝衝突的一部分。

以色列獨立戰爭是由阿拉伯國家以及居住在以色列的阿拉伯人，在一九四八年以色列宣布獨立隔天發動，目的是要阻止以色列建國。以色列的獨立紀念日，被大多數的巴勒斯坦阿拉伯人稱做「大災難」。以色列雖然當時才剛剛建國，終究還是站穩了腳跟，打贏這一場多線作戰的戰爭，擊退伊拉克、約旦、敘利亞、黎巴嫩以及埃及派出的增援部隊。在戰爭期間，六十萬名阿拉伯人逃離以色列，數百個阿拉伯村莊被毀。在以色列宣布獨立之後，大約有六十萬名猶太人被驅逐出阿拉伯國家，移居新的猶太民族國家。

西奈戰役（又稱卡代什行動）於一九五六年爆發，起因是埃及實施封鎖，導致以色列船隻無法進入蘇伊士運河。以色列與英國及法國聯手，打算攻占西奈半島，接管蘇伊士運河。以色列最後因為國際的壓力而撤軍，但仍在這場戰役收穫勝利的果實，打開了蒂朗海峽的通道，以色列的船隻得以航向埃拉特的港口。

六日戰爭發生於一九六七年六月五至十日，起因是埃及再度關閉蒂朗海峽。以色列只用了六天，就打敗埃及、約旦與敘利亞。在短暫的戰爭期間，以色列占領了原本屬於埃及的加薩走廊與西奈半島，從約旦手中奪走了西岸與耶路撒冷舊城，敘利亞的戈蘭高地也落入以色列手中。

以埃消耗戰爭是一九六九年以色列與埃及之間的戰爭。埃及發動這場戰爭，故意違反終結六日戰爭的停火協議，目的是要削弱以色列的實力。最後交戰雙方都疲憊不堪，因此埃及總統納瑟將這場戰爭稱為消耗戰爭。

贖罪日戰爭於一九七三年爆發，當時以色列還沉浸在六日戰爭勝利的喜悅之中。以埃及與敘利亞為首的阿拉伯國家想討回失去的面子。以色列沒有留意最初的徵兆，導致後來措手不及。埃及與敘利亞在贖罪日這個節日（見「以色列猶太民族節日」）當天對以色列發動空襲。以色列慘遭兩星期的空襲，傷亡與損失十分慘重，直到聯合國通過決議案，戰爭才終於結束。

第一次黎巴嫩戰爭（又稱加利利和平任務）發生於一九八二年，主要在黎巴嫩境內。敘利亞與位於黎巴嫩的巴勒斯坦組織，在以色列及其他國家發動攻擊。

第一次巴勒斯坦大暴動（First Palestinian Intifada，Intifada 是阿拉伯文，字面上的意思是「擺脫」，通常翻譯成「暴動」）發生在一九八七至一九九一年。暴動爆發前的幾個月，巴勒斯坦與以色列之間的暴力衝突就已經越來越頻繁，有以色列軍人遭到殺害，還有持刀傷人事件，以及恐怖份子被殺。極端的以色列右派以及伊斯蘭基本教義派狹路相逢，爆發一場場的暴動也是在所難免。眼看緊張情勢長期下來不但沒有和緩的跡象，反而不斷升高，以色列國防軍派出大軍前往西岸與加薩走廊鎮壓暴動。

四年來的暴動導致數百人身亡，最後以色列與巴勒斯坦的領袖，亦即當時的以色列總理拉賓、以色列外交部長裴瑞斯，以及巴勒斯坦自治政府主席阿拉法特，在奧斯陸會面，簽署了停火協議。三人也因為簽訂奧斯陸協議，對中東地區的和平有功，獲頒一九九四年的諾貝爾和平獎。

第二次巴勒斯坦大暴動發生在二〇〇〇至二〇〇五年。巴勒斯坦人的反抗行動起初是幾場暴力程度不一的抗議，但很快就演變成針對以色列國民的大規模自殺式攻擊。一百四十四起自殺式攻擊事件，總共導致五百一十六名以色列人喪生，三千四百二十八名以色列人受傷。百分之七十的傷亡人員是平民。以色列也發動了

一九九四年諾貝爾和平獎得主於奧斯陸合影：（由左至右）巴勒斯坦自治政府主席阿拉法特、以色列外交部長裴瑞斯、以色列總理拉賓。圖片來源：Yaakov/GPO [21]

兩萬多起報復行動。

第二次巴勒斯坦大暴動幾乎完全撕毀一九九三年的奧斯陸協議，將衝突上升至幾十年來未曾有過的高度，也導致以色列經濟衰退，重創巴勒斯坦經濟。雖然各界一致認為第二次巴勒斯坦大暴動已經結束（這要歸功於暴力急遽減少），但對於結束的日期卻沒有定論，因為沒有一個重大事件促使大暴動結束。

第二次黎巴嫩戰爭發生於二〇〇六年，是以色列與黎巴嫩什葉派伊斯蘭軍事組織真主黨之間的戰爭。起因是真主黨蓄意攻擊邊界，導致三名以色列國防軍的軍人喪生，還有兩位被綁架。以色列遭受重砲轟擊，採取大規模報復攻擊，先是派出空軍，再派出地面部隊，連番攻打黎巴嫩南部的真主黨部隊。戰火延燒了三十四天，最後在聯合國居中協調的停火協議之下落幕。

哈馬斯戰爭（又稱加薩以色列衝突）發生在二〇〇六至二〇一四年。以色列屢屢受到遜尼派伊斯蘭軍事組織哈馬斯的攻擊。哈馬斯於二〇〇六年奪取了巴勒斯坦在加薩走廊的控制權，與西岸的法塔赫政黨分裂。幾次較為重大的衝突發生在加薩走廊，包括二〇〇八至二〇〇九年的鑄鉛行動、二〇一二年的防務之柱行動，以及二〇一四年的保護邊界行動。

氣候與地理

以色列地位於中東，名義上屬於亞洲大陸，其實是位在亞洲、歐洲與非洲的交叉點。以色列享有地中海型氣候，主要分為兩個季節：多雨的冬季（十一月至五月）以及潮濕的夏季（六月至十月）。以色列的冬季與歐洲或是北美的冬季不同，很多外國人會覺得像春季。

以色列的面積這麼小（兩萬兩千七百七十平方公里），山區、平原與沙漠往往只相隔幾分鐘的路程。開車只要九十分鐘，就能從西邊的地中海，到東邊的死海（地球上的最低點，位於海平面以下四百三十・五公尺（一千四百一十二英尺）。開車從北部的海法市，到最南端的埃拉特，也僅需六小時。

以色列雖然面積很小，通常還是分為三個氣候帶：

- 地中海型氣候帶：包括北部與中部的大部分區域，典型氣候是夏季炎熱乾燥，過渡季節天氣多變，冬季寒冷多雨（偶爾甚至會下雪），年降雨量超過四百毫米（十六英寸）。
- 半乾燥草原氣候帶：介於地中海型氣候與沙漠氣候之間，很難定義明確的界線，因為草原氣候帶的年降雨量可能年年差異很大，例如俾什巴的年降雨量就是兩百至四百毫米（八至十六英寸）不等。
- 沙漠氣候帶：以色列南部多半屬於沙漠氣候帶，範圍涵蓋世界上的亞熱帶沙漠帶的一部分。氣候乾燥，一年當中大多數時間降雨量都很低，每年不超過兩百毫米（八英寸）。

以色列的地表水多半集中在加利利海（一百六十四平方公里〔六十三平方英里〕）、死海（三百一十平方公里〔一百二十平方英里〕），以及約旦河（兩百五十一平方公里〔九十七平方英里〕）。

主要城市：神聖與世俗的兩個極端——耶路撒冷與特拉維夫

耶路撒冷（八十六萬五千七百二十人口）是以色列國的首都，已有三千多年的歷史，從大衛王將王國首都設於此地開始計算。後來美國終於正式承認耶路撒冷為以色列首都，並於二〇一八年五月，將美國大使館從特拉維夫遷至耶路撒冷，有一些國家也跟進。

耶路撒冷是新舊元素的結合。舊城有古文化與神祕的色彩，新城的特色則是先進科技與現代社會。耶路撒冷是三大一神教的聖城：猶太教、基督教與伊斯蘭教。

耶路撒冷也是以色列政府、以色列議會、最高法院，以及希伯來大學的所在地。

截至二〇一五年，耶路撒冷百分之六十三的人口是猶太人，其中百分之六十六是嚴格遵守教律或極端正統的猶太教徒，兩者的比例幾乎各占一半。另外百分之三十四是世俗人士[22]。因此耶路撒冷的猶太區的氣質，深受當地信奉猶太教的多數人口影響。例如在實際行為上，即使是路過某些社區，也必須衣著樸素。在安息日，許多娛樂場所都暫停營業，公車也暫停服務，有些地方還會禁止車輛進入。

特拉維夫（四十三萬兩千八百九十二人口）是以色列的經濟與文化的中心。這座城市還有金

耶路撒冷。圖片來源：JekLi [23]

融中心，也就是特拉維夫證券交易所，另外還有各國大使館與領事館、各大報社、哈比馬國家劇院、以色列愛樂樂團，以及其他主要文化機關。

特拉維夫原本建築在沙丘上，所以不適合發展農業。海上貿易也沒有發展的空間，因為海法已經是海上貿易的中心。因此特拉維夫逐漸發展成科技中心，而且早在一九八〇年代開始，就漸漸成為中東地區，甚至可說是全世界最繁榮的高科技中心。特拉維夫的別名叫「以色列矽谷」（Silicon Wadi），是全球第二的高科技重鎮，僅次於著名的加州矽谷[24]。多年來，包括微軟、Google、臉書在內的許多全球科技公司，都選在大特拉維夫區設立研發中心。

在特拉維夫，百分之九十二的人口是猶太人[25]，當中又有百分之八十七是世俗人士[26]，所以身在特拉維夫，有時候很容易忘了這裡是以色列。幾乎感覺不到百分之十一嚴格遵守教律的人口，以及百分之二的極端正統派（如前所述）的存在。特拉維夫雖然有五百四十四個正常營運的猶太教堂，但主要還是一個海灘城市，是行銷口號所說的「不眠之城」，是全球對同性戀、雙性戀、跨性別者最友善的城市，

特拉維夫。圖片來源：Todorovic [27]

也是全球的素食主義首都。

在特拉維夫的以色列獨立廳附近，有一個迪岑哥夫的騎馬雕像。迪岑哥夫是民選的特拉維夫首任市長，從一九一一年一直到一九三六年辭世之前，兩度擔任市長，兩次的任期都很長（但並不連續）。他獨特的個性深深影響了整個城市的特質。當時的特拉維夫比較像個小城鎮，但他已有遠見要打造一個現代化、有活力的希伯來大都市，也著手進行。他曾說：

> 一個城市之所以是一個城市，並不是因為有房屋、街道與建築物，是居民的素質造就了一個城市。所謂居民的素質，就是語言、熱愛工作與創造力、平等、自由，相信自己的能力，願意維護一生的榮譽，自立自強。我們要延續民族的理想，因為城市的未來就在其中。猶太民族的智慧萬歲！特拉維夫市萬歲！[28]

迪岑哥夫的雕像。背景：迪岑哥夫先前的住所。一九四八年五月十四日，以色列便是在此處宣布建國。現已改為公共博物館，名為以色列獨立廳，位於特拉維夫市羅斯柴爾街十六號。圖片來源：Teicher[29]

美食

以色列是個年輕的國家，烹飪傳統還在發展的階段。以色列是一個移民國家，因此所謂的以色列菜餚，種類其實非常多元，很多是從移民的祖國傳入，最後成為以色列家喻戶曉的美味，例如番茄水波蛋（源自北非猶太族群）、馬拉瓦赫煎餅（葉門猶太人）、卡達乾酪（北美）、炸小牛肉片（阿什肯納茲猶太人）、鷹嘴豆泥配芝麻醬（地中海）等等。離散族群在以色列聚集，揮灑創意與膽識，掀起了美味的無國界融合料理的風潮，發明了一道道別出心裁的佳餚。

以色列的料理並不是向來如此豐富。以色列過往的文化崇尚儉樸，主要是受到猶太復國主義思想的影響，生活方式力求儉樸。以前的以色列人烹飪純粹是為了填飽肚子，料理很簡單實惠，不浮誇也不奢華。隨著時代演進，以色列人或多或少也受到其他西方國家影響，越來越重視應有的標準及生活品質。

猶太民族的文化向來非常重視家庭聚會、社交聚會以及節日聚會，食物是這些

以色列美食。圖片來源：McClean[30]

聚會的焦點。以色列有各色族群匯集，又有各種聚會，會發展出五花八門的創意料理也就不足為奇。歐洲要對付恐怖主義與難民危機，川普總統治下的美國也是陷於忙亂，小小的以色列雖然忙於應付國內外的衝突，也從食物找到了平靜的慰藉。我們以色列人會吃美食，會做美食給別人吃，聊天也會拿食物當話題，而且會一直持續下去。

現在的以色列已是高科技大國，同樣也是美食料理王國，如今已在全球美食界占有一席之地。以色列的廚師是電視名人，也是八卦專欄經常討論的名流，在國內外開設的餐廳叫好又叫座，是價格高昂的名店，裡面擠滿了滿意的顧客。各國的美食家形容以色列料理有「撩人的公式」，特別之處在於將新鮮的食材做成新奇有趣的組合，烹調方式也很簡單。

以色列人吸收了傳統美食與多元文化美食，再發揮特有的創意，做出具有現代感，而且最重要的是，百分之百原創的料理。

以色列猶太民族節日

猶太教使用陰曆，所以猶太教的節日每一年在格里曆（即西曆）的日期都不一樣。而且猶太教的一天是從日落開始，也就是說每一個節日都是從前一天晚上開始，這個晚上叫做「前夕」。有些節日很歡樂，有些則是禁食、追思與反省的時刻。以下是以色列的重要國定假日：

猶太新年（一年的開始，字面上的意思是一年的起頭）在九月或十月登場，確切的日期以希伯來曆為準，一連慶祝兩天。以色列人的傳統觀念，是將猶太新年視為審判日。到了這一天，上帝會檢視每個人去年一整年的行為，決定這個人新的一年會受到哪些獎賞或懲罰。猶太新年是家人聚餐與祈禱的節日，所有以色列猶太教徒都會上猶太教堂，甚至很多世俗以色列人也一樣。商店會暫停營業，很多雇主也會送給每一位員工一份好禮，或是禮券當成新年禮物。

贖罪日在猶太新年過後十日，是猶太人心目中一年最神聖，也最隆重的一天。贖罪日是懺悔與寬恕的日子。《妥拉》教導猶太教徒要「受苦」，主要是藉由禁飲食、禁沐浴、禁親密關係的方式。猶太人在這個神聖的日子，會連續二十五小時禁食，密集祈禱，白天幾乎都在猶太教堂舉行儀式。所有的商店到了這一天會暫停營業，運輸也全面停擺，街上充滿了行人與單車騎士。

住棚節在贖罪日四天之後，是《聖經》記載的三大朝聖日之一。以色列的住棚節為時七天，第一天與最後一天禁止工作。最後一天是歡樂的妥拉節。中間的五天稱為節日週，希伯來文叫做Hol Hamoed，可以做一些工作。很多家庭與組織會建造自己的蘇克棚，也就是一種特殊的棚屋，住棚節期間就在蘇克棚裡面用餐，很多人也會睡在這邊。猶太人在住棚節期間坐在蘇克棚裡面，在蘇克棚裡招待客人，是一種德行。

蘇克棚。圖片來源：Alefbet [31]

「假期過後」是以色列人常說的話。猶太新年、贖罪日、住棚節這些假日距離很近，因此希伯來曆的提斯利月，也就是從九月到十月的這段日子，只剩下少少幾個工作天。以色列人通常會把這段時間留給家人，畢竟一個節日結束，再過一個週末就是另一個節日。以色列人的外國客戶與同事，往往不了解以色列人這段時間為何很難聯絡，幾乎沒有上班，也不明白為什麼以色列人在這段時間總是答覆「等假期過後！」幸好下一個節日光明節要到兩個月之後才會到來。

光明節是猶太人每年十一月或十二月為期八天的「燭光之節」，慶祝的方式是每晚點亮光明節燈台（每個晚上增加一根蠟燭）、特別的祈禱儀式，以及食用油炸食物。光明節的希伯來文是Hanukkah，意思是「奉獻」，因為是紀念公元前第二世紀馬加比起義期間，將耶路撒冷（第二）聖殿再次獻給上帝的歷史事件。在光明節期間，學校會放假，但大多數的工作場所仍然照常營業。

普珥節（又稱抽籤節）是紀念古代波斯帝國的猶太人脫離邪惡的官員哈曼的荼毒的歷史。猶太人在每年春季初慶祝普珥節，會舉行宴會、交換禮物籃，還會上街遊行。成千上萬的猶太人走上街頭，炫耀專門為普珥節製作的服裝（與萬聖節類似）。普珥節並沒有硬性規定不能工作，但很多父母會特意請假，與孩子一同慶祝。

逾越節是《聖經》（於公元前一三〇〇年）明訂的重要猶太節日，也是三大朝聖日之二。猶太人在春季慶祝逾越節，紀念上帝解放了被古埃及奴役的猶太人，以及摩西帶領猶太人建立了自由的國家。逾越節最重要的戒律，是禁止食用發酵食物（以色列的逾越節為時七日），也要在第一日晚上舉行逾越節晚餐儀式，講述出埃及記的故事。逾越節是最多人慶祝的猶太節日。在逾越節期間，學校會放假，工作場所則是在第一日與最後一日暫停營業。雇主往往會在逾越節前贈送禮物給所有員工。

大屠殺暨英雄紀念日是以色列每年四月或五月的國家紀念日，是為了悼念在大屠殺期間，死於納粹德國及其黨羽之手的六百萬猶太人，同時紀念在大屠殺期間英勇抗暴的猶太人與「外邦義人」。依據法律規定，公共娛樂場所與餐廳必須從大屠殺暨英雄紀念日的前夕開始暫停營業。學校、軍事基地，以及其他公共機關與社區組織會舉行儀式。在當天早上十點整，以色列全國響起警報，大多數的人立刻放下手邊的事情，路上車輛的駕駛也停車，集體默哀一分鐘。

以色列陣亡將士與恐怖攻擊罹難者紀念日是以色列的另一個國定紀念日，日期在大屠殺暨英雄紀念日的一週之後，獨立紀念日的一天之前，目的是讓所有人記得以色列建國至今所付出的代價。這個紀念日特別莊嚴肅穆，以色列全國各地都會舉行紀念儀式。紀念日從前夕開始，在晚上八點整，以色列全國各地會響起一分鐘的警報，所有人要放下手邊的事情，行駛在高速公路上的駕駛也會停車，立正鞠躬為陣亡將士默哀。隔天早上十一點整又有連續兩分鐘的警報，全國上下再次停下手邊的事情，默哀追思。以色列到目前為止的戰爭都是發生在國內，而不是在國外，這一點與許多國家不同。以色列這個國家這麼小，大多數的人民都認識在國家的戰爭陣亡的將士，所以這個紀念日對以色列人民來說，是緬懷親友的日子。截至二〇一七年的紀念日，以色列的陣亡將士與恐怖攻擊罹難者共有兩萬三千五百四十四人。

獨立紀念日是春季的節日，是慶祝以色列脫離英屬巴勒斯坦託管地，宣布建立以色列國的日子。在這一天，幾乎每一個以色列的城市、城鎮與村莊都會舉行慶祝活動，也會施放煙火。國家舉行的正式典禮，是在獨立紀念日的前夕於耶路撒冷的赫茨爾山舉行，代表肅穆的陣亡將士與恐怖攻擊罹難者紀念日結束，獨立紀念日的

以色列紀念日和獨立日。圖片來源：SigDesign [32]

慶祝活動開始。在獨立紀念日，大多數的以色列人並不工作，不過有些公車照常營運，許多娛樂場所與餐廳也正常營業。以色列人會與親朋好友成群結隊到公園與風景區野餐烤肉。

篝火節是五月份的猶太節日，是為了紀念尤查拉比。在篝火節，兒童（有父母從旁監督）以及十幾歲的年輕人燃起篝火。隔天學校放假，但大多數的工作場所仍然照常營業。

七七節（又稱收穫節、五旬節）是猶太教三大朝聖日之三。Shavuot（七七節）的意思是「幾個禮拜」，日期落在五月或六月，在逾越節的七週之後。三千三百多年前，上帝就是在七七節這一天，在西奈山將希伯來聖經《妥拉》賜給猶太人。猶太人有在七七節大餐食用乳製食品的習俗。在七七節，工作場所與學校都放假一天。

以色列大多數的猶太人，包括自認為是世俗人士的猶太人，至少會遵守猶太節日相關的一部分戒律與傳統，尤其是百分之九十四會在逾越節舉行晚餐儀式[33]、百分之九十三會在光明節期間點燃蠟燭[34]，以及百分之六十一會在贖罪日禁食[35]。

暑假：七七節過後不到兩個月，便是暑假的開始（國中與高中是六月二十日，小學與幼兒園是七月一日），直到八月三十一日結束。很多以色列人會利用暑假，全家一起出門度長假，尤其是在暑熱難當的八月。暑假過後便是九月，是新學年的開始，一連串的節日也即將到來，首先是猶太新年。新一輪的工作日、節日與假期又開始，直到下一年……

第二部

ISRAELI™ 企業精神特色

以色列的企業精神有什麼特色？跟以色列人做生意，該如何合作才能順利？我在這個部分會詳細說明以色列企業文化的每一個特色，也會引用各式各樣的例子，闡述這些特色是如何展現在現實生活中。另外也會以實際的例子，解釋與以色列人來往的最佳方式。

過去十年來，我經常與來自各地，包括印度、中國、日本、非洲、美國與歐洲的企業主管對談，請他們分享與以色列人合作的經驗。我依據這些訪談內容，再參考我多次與國際組織接觸的經驗，將以色列企業精神的七大特色濃縮成一個模型。

我開發的這個新模型叫做 ISRAELI™ 模型，ISRAELI 是取七個字的開頭子母所組合的字。每一個字母代表以色列的一種企業文化特色：

I Informal 不拘小節

S Straightforward 直言不諱

R Risk-Taking 敢於冒險

A Ambitious 雄心勃勃

E Entrepreneurial 積極創業

L Loud 聲高氣響

I Improvisational 隨機應變

I 代表不拘小節，不只表現在穿著上，也表現在溝通上。

S 代表直言不諱，我們說話向來很直接。

R是敢於冒險，**A**代表雄心勃勃，**E**是積極創業。這三者相輔相成，因為一個企業家不但有很好的構想，也有實現構想所需要的抱負，還要願意冒險，不惜一切代價達到目的。

L代表聲高氣響，不只是我們說話比較大聲，也代表我們比較積極進取，還有以色列整體的熱情氣氛。

最後的**I**是隨機應變，因為我們以色列人很有創意，適應能力也強，思考會盡量跳脫框架。

第二部分分為幾節，每一節介紹ISRAELI™模型的一種企業精神特色，還有相關的真實故事、案例、解說與建議，讓你逐漸建立一種能縮短文化差距的文化心態，提升與以色列人之間的商務與人際溝通品質。這一章的最後也提供一個方便快速查閱的指南，列出ISRAELI™模型的重點，以及簡明扼要的建議。

Informal

I——不拘小節

以色列企業精神中不拘小節的一面，展現在許多行為上，例如：

- 在職場身穿便服
- 同一個企業不同層級的員工，皆可平等表達意見
- 親暱，例如詢問私事、以綽號稱呼

特拉維夫市海灘上練瑜伽的本古里昂雕像。圖片來源：Teicher[36]

趣聞一則：

一家全球企業的人力資源主管發出電子郵件，邀請所有員工參加新年的特別慶祝活動。信上並沒有提到衣著規定。唯一關於活動場合的資訊，是這場活動會在紐約州哈德遜河的一艘船上登場，現場會提供雞尾酒。

這家公司的以色列分公司的兩位高級主管莉娜與艾默，要搭飛機到紐約參加這場活動。莉娜接觸美國人的經驗比艾默多，先是聯絡紐約辦公室的同事亞歷珊卓，問她打算穿怎樣的服裝。亞歷珊卓說，她為這一次的活動，特別租了一套禮服。大多數的以色列女人一輩子只會租一次禮服，就是自己結婚當天要穿的婚紗。不過莉娜聽亞歷珊卓這麼說，覺得這次的場合應該很隆重，決定帶上她最漂亮的一套禮服。

艾默卻完全沒請教別人的意見。他身為全球高級主管，經常出入公司位於第五大道上富麗堂皇的辦公室。公司的員工也都習慣看他穿西裝打領帶。他認為既然這一次是交誼活動，就應該穿休閒裝出席，穿牛仔褲會比較有親切感。

活動過後幾天，莉娜與亞歷珊卓聯絡，在紐約上班的亞歷珊卓一開口就對她說：「莉娜，艾默是怎麼回事，怎麼穿成那樣？未免也太隨便了！」莉娜向她解釋，以色列的文化比較不拘小節，艾默穿牛仔褲，是想表達跟員工平起平坐，站在一起的意思。亞歷珊卓卻不能苟同。她覺得艾默是冒犯了紐約的同仁。

在很多國家，專業精神並不只是表現在工作能力上，也包含其他方面的表現，例如衣著得體、守時與禮貌。大多數的以色列人即使在職場也穿便服，並不覺得一定要穿職場正裝。以色列人生活在氣候炎熱的國家，穿衣服比較講究舒服。以色列人的專業精神，主要是以工作表現衡量。

大多數國家的商業圈都有一套專業服裝標準，矽谷也許是個例外。在矽谷，非正式服裝才是王道[37]。臉書創辦人祖克柏跟其他人可以穿運動衫跟牛仔褲上班，但有些上班族還是認為，擁有幾十億美元身家的人可以穿得很「酷」，但職場正裝才能展現出認真專業的感覺。

我們也應該記住，不同的商業領域有不同的習慣。例如金融界與法律界人士的服裝比較正式，在以色列也一樣。但企業家與高科技產業人士的穿著，就非常隨意且時尚。

以色列商業界不拘小節的特色，也展現在人際互動方面。例如以色列人可能跟你才見過幾次面，就詢問你的私事，例如結婚了沒有，有沒有孩子等等，或者用綽號稱呼你。就連以色列總理納坦雅胡，也是眾人口中的「比比（Bibi）」。同樣的道理，前以色列國防部長及以色列國防軍總參謀長亞阿隆，也被人稱做「鬼怪（Bogie）」。人與人之間互相以綽號稱呼，感覺比較親近，甚至很像好朋友。在小小的以色列，幾乎「誰都認識誰」，至少兩個人很可能有共同認識的人，所以以色列人覺得互相以綽號稱呼很正常，是件好事。親暱是以色列企業文化的典型特色，畢竟以色列企業文化相當重視個人的人脈。

求職面試

以色列的文化比較不拘小節，所以求職面試往往一開始是求職者與人力資源主管隨意聊天。聊天的內容可能會涉及比較私密的主題，例如我能不能跟你上一個老闆聯繫？你上一個工作的薪水多少？諸如此類的問題。求職者如果不是以色列人，遇到這種情況可能會很不高興，不會設法了解文化差異，加以克服，反而是沉默不語，結果就是雙方都因為溝通失靈而灰心。

給非以色列人求職者向以色列企業求職的三個建議：

一、求職過程中盡量容許自然的互動，不要認為閒談是不專業的行為，要體會另一種文化的行事風格。以色列人很欣賞有個性、有幹勁的人，所以要盡量在面試中展現出熱誠。

二、遇到很直接、涉及私生活的問題，也要回答得越完整越好，但如果超出你所能容忍的範圍，也可心平氣和地回應，你的國家的文化不習慣討論這種話題，所以你不想回答。

三、要有面對文化差異與語言差異所造成的誤會的心理準備。英語對大多數的以色列來人說都不是母語，所以你跟以色列人說英語，可能要適度調整用詞及語速，確定對方沒有誤會你要表達的意思。

給以色列企業面試非以色列人求職者的三個建議：

一、提供明確有條理的資訊：寫信給所有求職者，說明面試的流程，包括參與面試的人員、面試所需的時間等等（先前提到的那種沒有條理的隨意閒聊，看在外國人眼裡會覺得不專業）。

二、盡量不要問涉及隱私的問題，例如年齡、幾個小孩、上一份工作的薪水等等。

三、不要急著下定論，要知道文化差異與語言差異可能會造成誤會。

這是一個文化差異毀了徵才過程的經典例子：

一家總部位於以色列的全球企業在菲律賓的業務不斷擴張，決定要在當地開設一間分公司。他們認為最好先聘請一位菲律賓人，擔任菲律賓分公司的總經理兼人力資源主管。在徵才過程當中，他們發現有一位菲律賓人力資源經理符合資格，只是當時她碰巧跟家人在法國度假。

以色列人不拘小節的風格，在面對面的會面以及創意思考方面表現得最明顯。於是這家以色列公司覺得，應該趁這位經理在法國度假的時候安排面試，這是一個值得把握的好機會。這位經理顯然對這份工作很有興趣，也同意出席面試。但在約定的時間的一小時之前，她怒火中燒打電話給以色列的公司，說她現在跟家人度假，不應該參加工作會議，因為她沒有攜帶合適的服裝，而且私人時間跟工作時間應該要分清楚！

在不拘小節的以色列社會，在上班時間之外的時間工作，是一種認真的表現，以色列人也欣賞自然率真的態度。一個人願意在度假期間開會，代表具有以色列人所推崇的積極進取的精神，很容易贏得以色列人的信賴。問題是這位菲律賓經理來自一個遠比以色列保守且階級分明的文化。菲律賓的文化較為拘謹，重視計畫與專業精神。這位經理對於這次的面談極為緊張，弄得以色列公司也跟著緊張。她連一場面試都有這麼多顧慮，往後又要怎麼適應自然隨意的以色列文化……

管理風格

研究跨文化溝通的知名學者霍夫斯塔德，探討文化因素對管理風格的影響[38]。一九七〇年代，他在ＩＢＭ公司全球各地的據點進行研究，發放問卷給七萬兩千名員工，調查他們的工作內容、工作滿意度、員工與主管之間的關係等等。他發現雇主的管理風格，深受分公司所在的國家的文化與社會環境所影響。當地的員工也是國際企業的一份子，照理說應該會依循全球統一的管理風格，但事實並非如此。

霍夫斯塔德依據研究結果，發明了「權力距離」（Power Distance）一詞。權力距離的定義，是一個文化重視地位，以及地位能維持多久的程度，包括上級與下屬之間的關係，也與下列問題相關：當權者受到多少尊敬？你的公司能不能容忍越級行為？

在霍夫斯塔德的權力距離評分制度中，以色列的得分是十三分，與其他國家相比算是非常低的。以下是引用霍夫斯塔德的資料庫所製成的比較表。

從這張圖表可以看出，以色列位於圖表的尾端。後面的圖表也會顯示，以色列與其他國家的差距總是很懸殊。

霍夫斯塔德研究每一個國家的權力距離。我們參考他的研究結果，會更了解自己的行為與其他人的行為，

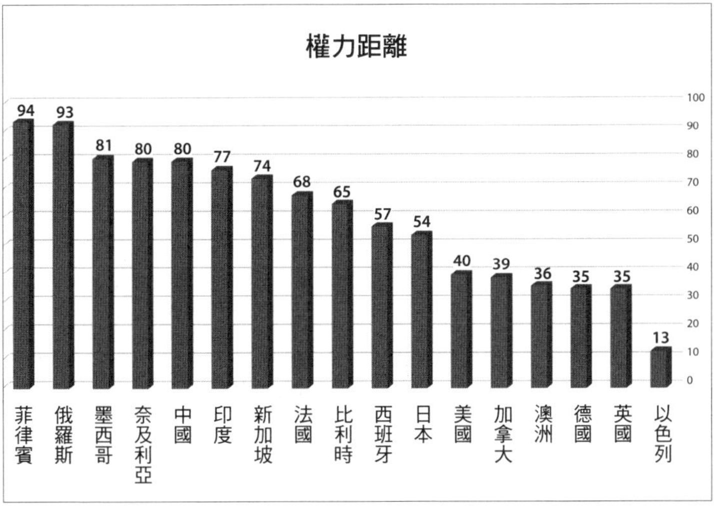

進而發現自己的文化標準，與當地人的文化之間的最佳平衡。以上面的圖表為例，以色列的得分最低（十三分），菲律賓的得分最高（九十四分），顯然這兩個國家的文化差異極大。前面的故事提到一家總部位於以色列的全球企業，想面試一位正在跟家人一同度假的菲律賓人。我們現在知道，菲律賓人有階級分明的文化，幾乎不會跟上級或是較為年長的人唱反調，行事也很有計畫，較為拘謹。這與崇尚自然、不拘小節，幾乎完全沒有階級概念的以色列文化完全不同。在前面的故事，以色列人一個衝動，就要求與這位菲律賓經理在法國面試，不僅暴露出考慮不周，也代表不了解對方的文化。霍夫斯塔德的圖表清楚呈現出我們以色列人在階級觀念上與其他國家的差異。與各國人士互動，絕對要牢記文化差異的存在，也要理解並尊重其他人的文化。

以色列人認為，主管是團隊的一份子。以色列的企業文化特色，是權力距離很低。換句話說，**以色列人喜歡平等的領導**，即使與老闆意見不合，或是打電話、發電子郵件給層級比自己高幾級，或是低幾級的人也沒關係。

由於以色列人的平等思想，因而：

- 以色列人鼓勵獨立，認為是一種美德
- 下屬可以接觸上司
- 員工得到管理階層的授權
- 越級溝通很常見
- 主管倚重團隊成員的經驗
- 上級會徵詢員工的意見
- 以績效實力贏得尊重

要記住：

在以色列，員工會以親切開放的態度與老闆溝通，説話很直接，不拘小節，甚至會公開表達負面意見。但最終決策權終究還是在主管手裡。以色列文化以目標為導向，大家都明白雖然溝通沒有上下尊卑之分，但一艘船終究只有一個船長，最終還是要由船長作主。不然大家都會淹死。

我曾經訪問過一位住在以色列的德國女士。她在德國曾經是一家歐洲大企業的經濟顧問，現在在以色列擔任企業顧問。我請她分享與以色列人合作的感想。她說，她絕對不想在以色列當主管，因為以色列人不尊重高級主管。在德國，員工對主管畢恭畢敬，也願意長期跟隨主管，從旁學習。而在以色列，年輕的員工比較大膽，想說什麼就大膽說出來，對著主管也一樣。這位女士是德國人，很難接受以色列職場的這種風氣。

有一次我訪問一位住在以色列的年輕中國男性，也得到類似的回應。他說，他想不通以色列人怎麼會直接稱呼主管的名字。中國人非常重視尊卑有序，上下的界線很清楚。員工稱呼主管，都是連姓帶頭銜一併稱呼，例如「王經理」。但你絕對不會聽見有人用希伯來語這樣稱呼！

> 即使在以色列的教育體系，對於從幼兒園老師、高中校長，一直到大學教授這些權威人士，也還是只稱呼名字。由此可見低權力距離是以色列文化根深柢固的特色。

深度探索：以色列人在職場不拘小節的表現

一家中國企業最近收購了一家知名的以色列食品製造商，派出一位高級主管到以色列，討論公司接下來的變革。在會議當中，以色列員工在討論的每一個階段都提出異議。弄到最後，中國經理覺得這樣討論下去不太可能會有結果，也認為以色列員工對他不敬。在中國的文化，員工非常尊敬上級，就算會對抗同事，也絕不會對抗主管。這位中國經理雖然早就知道以色列不拘小節的企業精神，早就知道以色列人認為人人平等，卻還是覺得很難領導以色列團隊。

給帶領以色列員工的經理人的建議：

將權力盡量下放，不要干預。這樣能激勵以色列員工，他們感受到你的信任，接受你所賦予的挑戰，也就會尊敬你。跟團隊交流也盡量少用頭銜，直接稱呼名字就好，也鼓勵他們直接稱呼你的名字。讓他們覺得跟你共事很輕鬆自在。

給帶領講究尊卑之分的員工的以色列經理人的建議：

允許員工對你使用正式稱呼，也就是在你的姓氏後面加上小姐、太太或先生。要知道你的下屬需要你的鼓勵，才有前進的動力。倘若不這樣做，講究尊卑有別的主管與員工會認為你軟弱無能，領導無方，公司的績效也會下降。告訴你的團隊，不必每次開會都邀請你出席。你偶爾不在場，他們更能自在交流意見，也能漸漸培養獨立的能力。

要記住：在當今的全球商業環境，僅僅做一個講究平等，或是尊卑有別的領袖是不夠的。必須同時具備這兩種特質，還要不斷培養各種技能，才能管理多元的族群。說到底就是最好學會變通，以不同的方式領導。

關鍵時刻的指揮體系

在保護邊界行動，也就是二〇一四年以色列與加薩之間的戰爭，以色列國防軍少尉戈爾丁被哈馬斯軍人擄獲，帶往通向加薩的地道。雖然以色列國防軍明令禁止軍人進入地道，以免遭到綁架，但戈爾丁的好友、以色列國防軍中尉伊坦，仍然進入地道尋找戈爾丁。伊坦中尉後來接受以色列《新消息報》訪問[39]，說他在行動之前曾請求上級許可。「連長不同意，營長也不同意。我只能向更高層報告。（旅長）對我說：『先往地道扔一顆手榴彈，你再自己一個人進去。』」伊坦中尉依言照辦，最終帶回了證據，讓以色列國防軍得以確認戈爾丁不幸身亡。

在以色列社會大眾眼中，伊坦中尉冒著生命危險闖入地道，是勇氣可嘉的英雄。戰爭結束之後，以色列國防軍也特別頒發英勇動章給他。伊坦中尉為了能順利行動，還承擔了越級報告的風險。但就以色列人的想法，他這次行動最主要的重點，是冒險成功，以及最終收穫的結果。

Straightforward

S——直言不諱

直言不諱的行為包括：

- 說話方式很直接，很坦誠
- 對話的主題變動得很快
- 輕鬆、簡單與清楚的溝通

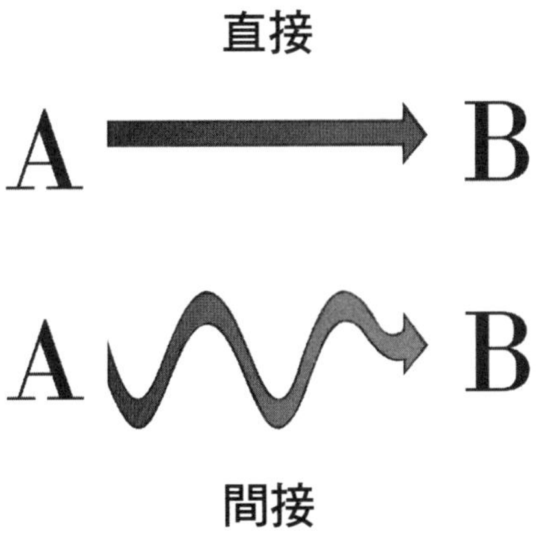

趣聞一則：

約翰是一家總部設於倫敦的高科技公司的銷售部副總裁。最近三個月，他都在規畫團隊明年的業績目標。他召集團隊成員開會，說明策略與目標，以及每一個成員要扮演的角色。約翰強調，這次會議開放大家暢所欲言，也期待大家的回應。到了開會當天，約翰介紹完他的策略，大多數的團隊成員都很興奮，問了一些相關的問題。

約翰的團隊有一位以色列籍銷售主管名叫約西，最近調到倫敦。他對約翰的策略有所顧慮，而且他跟其他同事不同，就在會議上直接說出想法。他說：「我覺得我們不應該把一直在做的小案子放在一邊，只專注在幾個大案子上。小案子的長遠收益比較高。」約翰聽完約西的話，表情明顯不悅，再度強調明年的重點是把握戰略機會，整個銷售團隊都應該全力以赴。

那次會議的兩星期之後，約西覺得約翰找他商量的次數明顯變少。他不明白為什麼會這樣。他再度展現以色列文化特有的直言不諱，決定直接找副總裁談，問約翰是不是對他有什麼意見。

約翰是英國人，很想以英國人固有的委婉方式回答，但還是決定一反常態，跟約西直話直說。他對約西說，很少人會在下屬面前批評主管的策略。約西聽了很驚訝，對約翰說：「可是你說過要讓大家暢所欲言，難道你不想聽不同的意見？」約翰說，不能因為他說暢所欲言，就真的以為什麼都可以說。他建議約西，下次要是有不同的意見，最好私下找他談，不要在整個團隊面前跟他唱反調。

直話直說

第一位研究坦率程度文化的是人類學家霍爾。他在《超越文化》一書[40]提出**低情境文化**（low-context culture）與**高情境文化**（high-context culture）兩個概念。

在**高情境文化**，很多事情並不會明說，必須藉由肢體語言及文化知識予以推斷。屬於同一個文化的人，較能理解彼此那些沒有明說的想法，以及潛意識的意念，外人就不容易理解。霍爾認為，諸如日本、印度、中國都屬於高情境文化。

在**低情境文化**，好的溝通必須精確、詳細且簡單。訊息的表達與理解都是透過字面的意義，很少會有弦外之音或是話中有話。霍爾認為，美國是世上最低情境的文化，加拿大、荷蘭與德國次之。

以色列的文化乍看之下似乎是低情境，主要是因為以色列人的文字表達較為直接。但我覺得這種分類法稍嫌偏頗，因為以色列人的小團體之間也會使用很多肢體語言及共有的情境。況且希伯來文只有四萬五千個字，很多字都有很多種意義，要

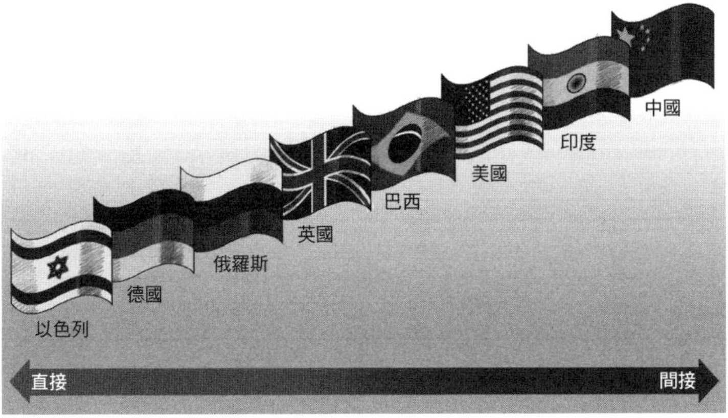

依照上下文以及語氣判斷。例如希伯來文的Shalom 一詞就有和平、和諧、整體、完整、興盛、幸福等意義，也經常用來表達「哈囉」與「再見」的意思。以色列人也會使用很多俚語，這都代表非以色列人想要聽懂以色列人說的話，光是理解字面意義並不夠。

以色列顯然屬於低情境文化，但我認為應該將直接言談或間接言談當成一種變數，單獨拿出來與其他國家比較。把各國依據直接溝通與間接溝通的程度予以比較，以色列絕對是溝通最直接的國家。

上面的圖表是我訪談世界各地的商務人士，了解他們與以色列人共事的經驗，再加上我多年來擔任國際企業顧問，所歸納出的結果。

在以色列文化中，想聽懂別人的話，不需要花費太多心思。以色列人會把心裡的想法直接說出來。以色列人認為你弄錯了，會直接說：「你錯了。」邀請你到家裡，也是真的認為你會光臨。你問他們的意見，他們會認為你真的想聽，也會直言不諱。以色列人將這種溝通方式稱為 dugri。

前面的第一部分曾經說過，以色列是移民國家。這些移民來自四面八方，說的是五花八門的語言。現代希伯來語之所以問世，是希望以色列地能擁有一種官方語言，一種新移民也能學會的簡單語言。以色列人需要希伯來語，需要一套直接、立即、簡單的字詞與語法，沒有太多花俏的外交辭令，方便彼此溝通。希伯來語是以色列文化不可或缺的一部分。

在另一方面，中國、印度這些使用間接言談的文化，重視的則是圓融與含糊。例如印度的企業文化就深受階級制度影響。在印度，老闆問員工話，員工幾乎都會回答「是」，但這個「是」有很多種意思，例如「是，您的意思我懂，但我不敢苟同」、「是，我會照做」……甚至有可能是「是，但我不做」。

美國人比較常用外交辭令，所以在美國，意見不合可以用更圓融的方式表達，例如「你的建議很有意思，我們以後再討論」。美國人小小年紀就學會這種迂迴的語言。以色列人習慣了直來直往，分不清這麼友善的話語究竟是不是代表真心認同。以色列人直話直說的習慣，在美國人看來會覺得粗魯、企圖心強。由此可見，想知道員工說「是」究竟是什麼意思，就要先弄懂文化情境。

幾年前，我在紐澤西州發表一場演說，結束之後有一位名叫夏伊的以色列聽眾找到我。他說，他在美國生活了十五年，要是剛到美國就聽見這場演講該有多好，就不會鬧那麼多失禮的笑話。他具有以色列人的直言不諱個性，也因此得罪不少美國同事與員工，在職場上遲遲無法升遷，想必也是坦率惹的禍。

舉個例子，夏伊有一次直接告訴員工，工作表現有哪些地方需要改進。他完全是出於一片好意，那位女員工聽完卻傷心哭泣一整天。他現在知道，直話直說會傷人，從此都要先思考再開口。現在的他比較圓融，遣詞用字也會考量員工與同事的文化背景。

他現在比較會用以下的方式表達他的意思：

「我知道你是好意，但你有沒有想過……」

「你說的有幾點我很認同，也就是……但是……」

夏伊說，像這樣把一句話拉長了說，對話氣氛會比較融洽，但他還是挖苦這種句子是「馬屁話」。

我的意見：

我在這本書的前面曾經提到，研究整體的文化，免不了要概括而論。

跨文化研究並不是講究精確的科學，當然不是每一個以色列人都會按照以色列的文化規範行事。就好比在其他文化，也有很多人的行為不見得與同胞完全一致。總而言之，雖然大多數的以色列人溝通的風格都很直率，但還是不乏圓融有禮的以色列人。

直言不諱之所以成為以色列文化的特色，除了文化差異之外，語言問題也是原因之一。很多以色列人英語程度很高，但英語畢竟不是他們的母語。以色列人多半喜歡使用簡單、熟悉，容易發音的字詞。非母語人士將自己的語言翻譯成英語，句子往往會比較簡短，才不容易出錯。因此以色列人使用的詞彙與語言結構，在母語人士聽來會覺得不夠細膩。但不要以為這表示以色列人腦袋不靈光，或是不夠專業。

建議：

並不是每一個以色列人，都了解自己的文化與其他國家的文化的差異。很多以色列人並不明白，他們的直率看在外國人眼裡是企圖心強。跟以色列人共事，要記得這一點，不要把公務上的直來直往，與人際關係上的衝撞混為一談。要記得，說話直率雖然會傷感情，卻總勝過浪費一堆時間、從明示暗示的訊息中推敲真正的意思。

談判

以色列文化確實偏好直言不諱、簡單的溝通方式，但談判就未必是如此！以色列人無論是與職場上的合作對象談判，還是與朋友談判，都有可能會捨棄一貫的直率作風。以色列人在工作上，以及在日常生活上，都有強大的好勝心，一心追求獲利，要證明自己是「零和遊戲」的贏家。

以色列人只要認為施壓會讓對手放棄，就會毫不猶豫施壓。在談判桌上，他們明明知道有可能，為了迷惑對手，也要故意說「不可能」。以色列人為了達到目的，甚至會虛張聲勢，大喊「不行！」。在歐美，談判雙方也能保持友好，與以色列人這種企圖心強、以目標為導向的精神形成強烈的對比。歐美比較能接受雙方都滿意（雙贏）的局面。

要記得，以色列人雖然向來直率，在談判桌上卻很強勢。「不可能」之類的話語，對他們來說是談判策略的一種，也是標準開場白。

我常有機會與以色列的新移民共事。他們往往要同時面對許多困難，要克服的絕對不只是語言障礙而已。有一次在我的課堂上，有一位商人是匈牙利移民。他對我說，他實在不懂，明明就是有可能的事情，以色列人為什麼偏要說「不可能」？這是一個很好的例子，證明了光是聽懂語言是不夠的，還要了解文化，以及文化背後的心態。以色列人在談判過程說「不可能」，其實意思比較接近「我們想想有沒有更好的構想／價格／解決方案。」

要記住：以色列人在談判桌上跟你唱反調，是因為他們希望……最終能成交，還要盡量爭取他們眼中最好的條件。以色列人也會討價還價，不一定會攤牌。跟以色列人談妥協議之後，記得要白紙黑字寫清楚，再小的細節也不要忽略。

情緒表現與對抗主義

《哈佛商業評論》的文章「『是』的一百種面貌」[41]指出，不同文化的人之間的談判，多半受到兩大因素影響：情緒表現與對抗主義。下圖是將各國依據談判風格的情緒表現與對抗程度予以分類的結果：

以色列在上圖的位置很正確，也透露不少端倪。顯然以色列的對話風格，是情緒表現豐富又勇於對抗。以色列人很習慣辯論與公開爭執，認為就算情緒有些激動，也算是好事一樁。以色列人會把自己的想法與感覺興匆匆表達出來，談判的過程常常拉大嗓門，放聲大笑，甚至勾肩搭背表示親切，毫不在意個人空間的界線。

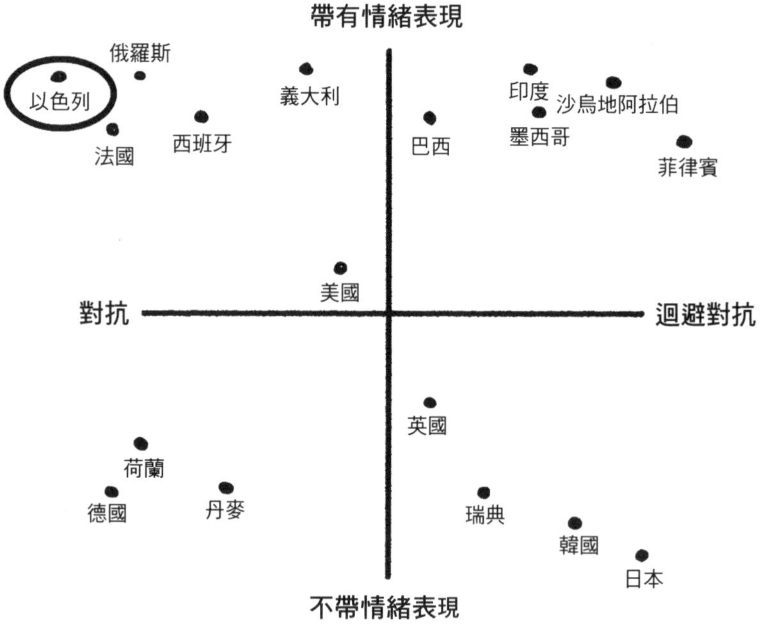

資料來源：Meyer，Harvard Business Review

以色列的文化鼓勵討論交流，鼓勵每個人說出自己的想法。以色列人總是要問「為什麼？」，也總會想辦法殺價。

想要與以色列人共事愉快，首先要認清你自己在圖表上的位置，才會知道該如何縮短差距。例如如果是你英國人，你應該也認同你在談判過程中不會流露情緒，會盡量避免爭執，也就是說你在圖表的右下象限。以色列人很難判斷你是否不高興。要是不了解文化差異，每個人都會以為別人的行事作風跟自己一樣。以色列人一旦不高興，會以各種口頭與非口頭的形式肆意宣洩。所以即使兩個人憤怒的程度一樣，英國人卻很容易過度高估以色列人的憤怒程度，而以色列人卻有可能渾然不覺英國人的怒火。

這種誤會可能會發生在來自不同象限的文化的兩個人之間。位在右上象限的巴西人也會表達憤怒，但還是傾向維持友好關係，避免爭執。相較之下，位於左下象限的德國人會繼續與以色列人理論，但也會事先規畫自己要表達的主張，以比較平和的態度表達出來，很少會用到手勢。

打岔

無論是在開會還是閒聊，以色列人常常打斷別人說話。以色列人也很會聯想，說話很容易離題。這種說話方式很普遍，甚至可以說是一種對談話主題很感興趣的表現。以色列人都是這樣跟別人互動。

在大多數的國家，尤其是西方國家，對話就是一個一個輪流說話。聽的人會等說的人說完，才表達自己的意見。在以色列，說話的特色與其說

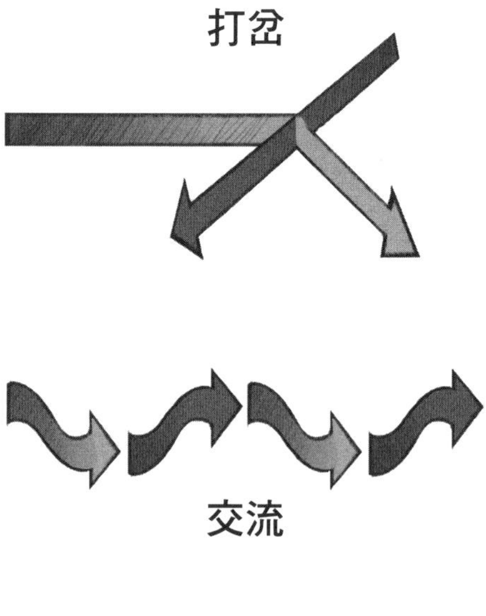

是「意見交流」，還不如說是「打岔」。外國人碰到失禮的行為，往往會不想再接觸，會覺得以色列人這樣打岔實在沒禮貌。在跨文化的商業界，以色列人若能多聽少說，會獲益匪淺。不過以色列人說話靈活也有好處，不僅有一種吸引力，也能將話題帶往有意思的新方向。

在以色列，「斷斷續續」的對話並不是沒有禮貌，反而代表對眼前的話題很有興趣。一旦了解這是以色列文化的正常現象，就不會覺得被冒犯。這種溝通方式，並不代表外國人在以色列人面前，就沒有說話的餘地。應該說在員工會議或是電話會議，比較可以打斷別人的話，不必等別人問才開口。以色列人也希望能聽見你的意見，所以想說什麼就儘管說。

與以色列人培養信任

很多全球高峰會定期在以色列舉行。僅僅在過去幾年，以色列就接待過亞馬遜雲端運算服務、IBM、微軟、以色列行動協會、科技與法律、教育科技展等等。每逢高峰會登場，全球各地的商務人士湧入以色列。有些是第一次接觸以色列市場，有些則已經與以色列商業界合作多年。

高峰會也是建立業務關係的好機會，這也是以色列文化的一大重點。以色列人會想先了解你，再跟你做生意。以色列人交朋友很容易，也信任朋友，不喜歡與自己不信任的人做生意。因此以色列人會邀請你到外面吃晚餐，詢問你的私事，盡量投入許多時間與精力，成為你真正的朋友。以色列人也能從這個過程，判斷你值不值得信任。

《文化地圖》的作者梅爾將商業領域的信任分為兩大類，一種是基於理智的信任（**認知信任**），另一種是基於情感的信任（**情感信任**）[42]。

- 所謂認知信任，是你對別人的成就、天賦與穩定性有信心。這是基於理智的信任。
- 情感信任則是來自熟悉、同感或是友好的感覺。這種是來自情感的信任。

在以色列，人與人之間的信任來自情感，比較重視「關係」，意思是說以色列人最重視交情，而不是產品、價格這些理性客觀的因素。信任是藉由分享個人的感受與資訊而漸漸建立。以色列人樂於跟朋友做生意，也願意跟朋友的朋友做生意。以色列人喜歡跟他們眼中容易溝通的好人做生意。對以色列人來說，將情緒與直覺運用在生意上，是完全合理的。

給來到以色列的國際商務人士的建議：

- 抽出一些時間與精神出席聚餐或社交活動。建立長期的專業關係很重要，也很值得。
- 利用相聚的時光，與當地的合作對象建立交情，因為這對他們來說很重要，對你自己也是好處多多。

要記得：

建立信任與維繫信任很不容易，尤其是在全球商業界。信任也是任何一種人際關係最不可或缺的特質之一。所以建立互信，了解你的合作對象、客戶、同事與供應商所重視的事情，是一種很有遠見，很聰明的投資。對以色列人而言，開誠布公的溝通，是信任關係的基礎。

強化訊息與弱化訊息

以色列人喜歡用「真的」、「完全」、「絕對」、「不可能」之類的誇張強烈的字眼，也就是語言學所謂的強化詞。這些加強語氣的字眼，會讓一句話聽起來更為強烈，也能強化訊息，例如「我完全不同意！」很多國家的人覺得以色列人非常有企圖心，是因為看見以色列人的溝通方式，還有表達異議的方式，尤其是以色列人會使用強化詞，再加上非常情緒化，手勢又多，批評又尖刻。以色列人平常對話，即使沒有發生衝突，也都會展現以上這些特色。

溝通習慣比較迂迴的國家，則是較常使用弱化詞，包括「有點」、「一點點」、「或許」，將訊息加以軟化。這些字眼特別常出現在給予負面評價，或是批評的話語。例如一位英國主管私下找員工說話，以平和的態度說道：「我建議你換一種方式進行。」大多數的以色列人聽見這話，會以為主管真的只是純粹建議，而且大概聽聽就算了！問題是英國主管真正想表達的意思，是要員工「馬上調整」。以色列人多半聽不懂這種委婉的說法，不明白對方真正的用意。

翻譯指南

弱化詞使用者說的話	弱化詞使用者的意思	以色列人的解讀
很有趣	一點都不有趣	他喜歡
這個觀點很新鮮	哇，真是餿主意	當然，我們是原創國家嘛！我的專長就是原創。他喜歡真是太好了☺。
請再考慮考慮	絕對不行	這個方向是對的，我應該繼續前進。
你可以想想……	這是命令	他說的我會考慮，該怎麼做還是我自己決定。
我有點失望……	我很生氣	沒什麼大不了，他會釋懷的。

依據 Ripmeester 開發的模型，見 Rottier, Ripmeester & Bush[43]

以色列人如果跟使用弱化詞的國家的人士共事，我給以色列人的建議是不必理會訊息當中的弱化詞，就不會誤會對方的本意。我也建議以色列人盡量少用「完全」、「絕對」這些誇張的字眼，比較不會給人好勝的印象。以色列人跟外國人說話，可以添加一些正面的、讚賞的話語，軟化自己要表達的訊息。

跨文化溝通就像跳探戈：先往前兩步，再退後一步。所以我才建議以色列人「退後一步」，要說：「我們可以想出比較好的構想。」而不要說：「這個構想爛透了。」說話（還有思考）的方式盡量貼近「有一點小小的誤會。」而不是「你完全搞錯了！」也會大大增進溝通品質。

Risk-Taking
Ambitious
Entrepreneurial

R＋A＝E——敢於冒險＋雄心勃勃＝積極創業

我認為**敢於冒險**與**雄心勃勃**的結合，會製造出**積極創業**。敢於冒險與雄心勃勃也是積極創業不可或缺的成分，所以我把這三項特色當成一體。

積極創業是一種心態，不是一種商業模式

所謂積極創業，意思是：

- 對一種產業了解透澈，也懂得運用這項知識創造新機會。

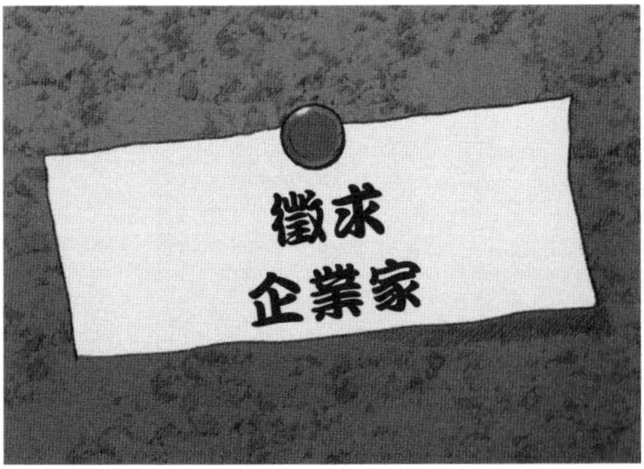

- 認為失敗是一種學習與成長的經驗。
- 從不同的角度思考，隨時做好迎接意外的心理準備。
- 做一件從來沒有人做過的事，達成理想的目標或結果。
- 具有冒險的智慧，因為再也受不了做一樣的事情。

所以可以這麼說：**創業者具有創造新事業的能力與抱負，為了創造新事業也不惜冒險。**

積極創業

以色列人迫切想證明自己的價值，也許是因為受到國家歷史的影響，畢竟以色列國是一路擊退眾多敵人才得以獨立。創業者的父祖輩當年無論是迫於形勢，還是放手一搏，總之是捨棄了在基督教國家與穆斯林國家的溫暖家園與家人，到以色列建立新的國家。這是世代傳承的一種精神。有一句話激勵著世世代代的以色列人：**想得更多，做得更努力，敢於放手一搏。**

從《聖經》裡家喻戶曉的大衛與歌利亞的故事（〈撒母耳記上〉十七至十八章），更能了解以色列創業家的成功。這是一個關於冒險、膽識與自信的故事。後來的大衛王在當時還是個年輕人，非利士人正與以色列人交戰。歌利亞是非利士第一武士。年輕的大衛自告奮勇出戰歌利亞，手中的武器只有臨時做成的彈弓，以及天生的勇氣。他勇於面對未知，最後也贏得勝利。每個以色列兒童都知道這個故事，知道勇氣與主動的重要。這個故事影響了世世代代以色列人的思想，當然也深植以色列企業精神。

以色列《環球報》在二〇一〇年刊出一篇文章[44]，內容是以色列最頂尖的八位企業家，分享他們心中成功的以色列企業家所具備的主要特質：

他們列出以下幾項人格特質：

- 勇氣
- 精明
- 創新精神
- 創造力
- 毅力

二〇一八年六月，以色列國建國七十週年的慶祝活動在洛杉磯展開。比利・克里斯托是出席盛會的眾多明星之一。他是美籍猶太裔演員、製作人、電視節目主持人，曾九度主持奧斯卡金像獎頒獎典禮。他以這一段話道盡了以色列的精神：

如果一個國家能建立在沙漠上，如果一個祖國能從人類史上最慘痛的悲劇誕生，如果民主政治能在一個未曾有過民主政治的地區成長茁壯，那天底下就沒有不可能的事情。這就是以色列，沒有不可能的事。[45]

成功的以色列企業家

以色列有為數不少的成功企業家，以下簡短介紹最知名的幾位：

創始世代

約西．瓦迪年紀輕輕就擔任高級主管至今。他最為人熟知的豐功偉業，是協助他的兒子艾瑞克創辦ＩＣＱ即時通訊軟體的開發商 Mirabilis 公司，並於一九九八年將公司賣給網路巨擘ＡＯＬ。ＩＣＱ易主的精采經過（後來成為以色列電視連續劇

Mesudarim的劇本）之所以會家喻戶曉，是因為約西・瓦迪面對AOL一開始提出的兩億兩千五百萬美元的收購計畫，做出了與眾不同的反應。他不顧合夥人強烈反對，拒絕了AOL的提議。他最後以四億〇七百萬美元的價格售出公司，股東這才發現他是貨真價實的商界天才。後來他又陸續售出十幾家新創公司，也獲得以色列理工大學頒發榮譽博士學位。他也在以色列與世界各地的研討會上，提倡積極創業與創新。

約西・瓦迪。圖片來源：LeWeb[46]

你觀察一家公司的歷史，會發現一開始要有構想，要願意冒險。要快速成長，思考的速度也要快，而且通常要藉助小型團隊完成這些事情。

——約西．瓦迪[47]

阿格西的創業夢想很早就開始。他從以色列陸軍退伍之後，與父親一起創辦他的第一家程式設計公司 Top Tier（原本的名稱是 Quicksoft Development），後於二〇〇一年以四億美元賣給ＳＡＰ。阿格西也成為ＳＡＰ的產品與科技部門總裁。他在幾年前離職，創辦了一家新公司 Better Place。他的理想是製造電動汽車，進而掀起汽車工業的革命。可惜這家公司最後以破產收場，但他的遠見與努力仍舊值得欽佩。

拉涅爾深受重度注意力缺失疾患所苦，差點沒念完高中。坐不住的他無法全程參加商務會議，也沒辦法依照排定的進度工作。但他後來仍舊成為以色列最成功的企業家。他的職業生涯於一九九〇年開始，在特拉維夫的夜總會擔任公關顧問。他的職業跑道後來一百八十度大轉變，與一位合夥人於一九九八年創辦了行銷賭博網站的 Empire Online 公司。這家公司在二〇〇五年的估價是十億美元。他現在是 Livermore 投資集團（先前叫做 Empire Online）的控制股東兼執行長，也是全球最大的線上翻譯公司 Babylon 的董事長。他也創辦了 Life Tree Marketing 公司，將以色列醫療院所的醫療服務，推銷給獨立國家國協的居民。

薛德從十三歲開始學電腦程式設計，在高中時期也繼續鑽研。他在希伯來大學主修電腦科學，後來在軍隊服役，隸屬菁英雲集的八二〇〇情報單位。他退伍之後，與兩位合夥人於一九九三年創立了 Checkpoint 網路科技公司，後來成為全球最大的網路安全公司。他至今仍是 Checkpoint 網路科技公司的執行長。二〇一〇年，他獲得安永會計師事務所評選為以色列年度最佳企業家。二〇一四年，以色列最大的財經媒體《環球報》將薛德評選為「年度代表人物」。二〇一五年，薛德名列 TheMarker 雜誌以色列富豪榜的第十二名[48]。二〇一八年，薛德榮獲史上第一屆的以色列科技獎。

新世代

列文是當今最多產，也是最努力不懈的企業家。他也是許多科技公司的天使投資人。他是 FeeX 公司的創辦人之一兼董事長。這家公司專門處理金融服務的隱性費用問題。他在商場上最大的成就，是與幾位合夥人共同發明並賣出能幫助使用者避開交通擁擠的地圖與導航應用程式 Waze。Google 於二〇一三年以超過十億美元的價格收購 Waze。現在的他除了商業活動之外，也投資新創公司，指導各項創新計畫，例如 Moovit、Engie 與 Fairfly。

加萊於二〇〇六年與人共同創立了 Outbrain 公司，並擔任執行長至今。Outbrain 是一家網路廣告公司，專門製作網路上的贊助廣告連結，在超過三萬五千個網站上置入文章、影片、部落格等等的連結，每個月推出超過兩千五百億筆推薦，收到一百五十億次網頁瀏覽。

紐曼與**麥克凱維**合作，於二〇一〇年創辦了共享工作空間巨擘 WeWork。這家公司在執行長紐曼的領導之下，專門設計並建造實體或虛擬的共享空間與辦公室，提供創業者與企業使用，在全球超過四十個城市出租辦公室。WeWork 獲得高盛集團與軟銀集團在內的投資方投資超過二十五億美元，公司最新的估價是兩百一十億美元。

阿弗拉哈米是經驗豐富的科技企業家，將 Wix.com 從二〇〇六年的一家新創公司，發展成全球最大的 DIY 網路出版平台。阿弗拉哈米跟他的夥伴是因為受不了製作網站的複雜程序，於是發明了 Wix，至今已有幾千萬名完全不會架設網站的使用者，運用 Wix 打造吸引人又專業的網站。Wix 在二〇一四年推出訂房系統 Wix Hotels，使用 Wix 網站即可預訂旅館、B&B，以及度假屋。二〇一五年推出的 Wix Music 平台，是獨立音樂人行銷並販售音樂作品的管道。二〇一六年又推出 Wix Restaurants。

懷澤是共乘公司 Gett（以前叫做 GetTaxi）的創辦人之一兼執行長。二〇〇九年，他在加州帕羅奧圖市花了三十分鐘等候前往機場的計程車，創業的構想就在這三十分鐘誕生。兩年後，也就是二〇一一年，GetTaxi 的試用版於特拉維夫正式營運。Gett 是叫計程車的應用程式，由全球一百多個城市的成千上萬名計程車司機支援。顧客需要計程車或是快遞服務，可以透過公司的網站，或是使用附有 GPS 功能的智慧型手機應用程式。Gett 募集了六億四千萬美元的創投資金，其中三億美元來自福斯集團。《富比士》於二〇一六年將 Gett 評為全球十五家成長最快的企業之一。

在以色列，身為一個領袖必須具備膽識、抱負與好奇心。胸懷大志的以色列人，在以色列國防軍服役期間，便展開了通往成功的競賽。軍隊教導他們懂得創新，掌握事態的發展，還必須為後果負責。以色列人在人生的起步階段接受艱難的挑戰，年紀輕輕就磨練成戰士與領袖，往後創業也將這些特質運用在職場。

席諾與辛格在著作《創業之國以色列》分析[49]，小小的以色列為何能有這麼多成功的企業家。他們發現以色列面積不大，生存又面臨眾多挑戰，但新創公司的數

量，卻超過其他幅員遼闊、局勢穩定、資源豐富的國家。他們認為以色列遭遇的挑戰，反而激勵以色列人出人頭地。

困境所造就的成功

在全球主要經濟體當中，以色列在「企業成長環境」類別排名第二。研究全球活力指數的正大聯合會計師事務所寫道：「你可知道，舉個例子，以色列的高科技企業的密度，在全世界竟然僅次於矽谷？那你知不知道，以色列的人均科學家與技術人員的數量，超過世上其他的經濟體？」[50]

客觀來說，以色列一路走來並不容易。根據世界銀行發表的「商業活動」報告[51]，以色列在進行各種商業活動的容易度方面，在一百九十個國家當中排名第五十二，遠遠落後於美國（第八名）、紐西蘭（第一名）、丹麥（第三名），以及英國（第七名）。在世界銀行的報告，以色列在「納稅」項目排在第九十八名，在

「合約履行」項目是第八十九名。

處境艱難是以色列人的生活中一種根深柢固，且揮之不去的特色。前面曾經提過，以色列是一個敵國環伺的小國。以色列的企業人士很清楚，國內市場並不大。況且以色列不同於歐洲，絕對不可能前往鄰國拓展商機。所以我們以色列人從小就知道，要胸懷大志，要了解英語作為第二語言的重要價值，還要生產能銷往全球市場的商品。

我們要是能像瑞士人，或是紐西蘭人一樣過著平靜的生活，那當然很好。但在以色列國，我們要與諸多挑戰搏鬥，這些挑戰也鞭策我們往成功的路上邁進。生活在小小的以色列的很多以色列人，都擁有幾乎是無窮無盡的企圖心，也願意冒險。這種企圖心加上敢於冒險的組合，讓我們得以克服一個又一個的難關，成為各領域的菁英。在務實層面，一個人遇到困難，必須深思當前現實的本質，也要考量自己的期望的本質與可行性。**一個人如果從小到大都只能靠自己，就會練就一身的真本事。**

創設 ReWalk 機器人公司的高弗博士，不僅要克服在以色列開設新公司的種種困難，還要面對自己因故不幸四肢癱瘓的事實。但身體的不便，也成為他發明 ReWalk 穿戴式外骨骼的動力。

一九九七年的某一天，當時身為電子工程師，也是醫療設備開發商的高弗博士，此生第一次，也是最後一次駕駛越野車。那台越野車故障，一頭撞進樹幹，高弗博士頸部骨折，從此癱瘓。他沒被殘疾打倒，反而夜以繼日努力不懈，要扭轉餘生都要坐輪椅的命運。

他發明了產品，也發現西方國家有超過一百萬名四肢癱瘓患者，ReWalk 穿戴式外骨骼也許能帶給他們一線希望。於是他設立的新公司開始「動起來」。可惜他到現在還無法受惠於自己發明的產品，不過 ReWalk 已經帶給全世界幾百名殘障人士希望，提升他們的生活品質。二〇一五年，美國退伍軍人事務部為全國所有符合資格的退伍軍人，添購 ReWalk 個人外骨骼系統。

李小龍曾說過一句名言：「際遇去死吧，我創造機會！」這句話也能形容以色列人的文化。以色列人會創造機會，走出困境的泡沫，踏入創意的世界，勇於冒險且絕不放棄。以色列人發明了 Smart Dripper，解決半乾燥氣候的灌溉問題，也發明了鐵穹系統，擺脫以色列平民不斷遭受飛彈攻擊的困境。以色列人還發明了 Waze 導航應用程式，為這個交通總是打結的擁擠小國提供解決方案。以色列人拿檸檬做成檸檬水，賺進百萬財富，也改變了世界……

以色列人喜歡批評別人。總有人動不動就發表高見，說別人的成功不過是運氣好罷了。成功自信的創業家，不會因為他人的嫉妒就裹足不前。以色列人刻苦耐勞，又在軍中接受磨練，多半鍛鍊出厚厚的臉皮。成功的創業家不會因為唱反調的人而停下腳步。況且成功的創業家一定要懂得憑藉直覺，做出困難的決策。他們擁有全局觀，也有能力逆流而上，將願景化為現實。成功之路並非坦途，創業家永遠要保持樂觀，要有能力排除比較保守的同仁的疑慮與消極思想。

以色列人不僅在高科技領域，也在眾多其他領域稱霸全球，例如物理、醫學、經濟、安全、生物科技與農業。舉個例子，環境的需求促使以色列人發展出尖端技術。以色列缺乏自然資源，一年當中有大半年極端炎熱，又缺水，所以需要發展

「智慧型」現代農業。農業企業家想出許多辦法，讓有限的土地也能增加產量。以色列所開發的農業技術，也傳授給許多國家的農民，進而滿足世界各地人口急遽增長所造成的需求。以色列在農業領域有數不清的成功經歷，例如滴水灌溉技術升級，以及裝飾用植物、藥草、橄欖樹、棗椰樹、海藻油等等的新型幼苗開發。

以色列創新文化對於失敗的正面態度

任何一種文化在商業領域的行為，都深受整體的文化心態所影響。以色列人習慣以正面的心態看待失敗，認為會失敗就代表曾經努力過。在商業界，以色列人知道創業家是一路記取失敗的教訓，從中學習，才有後來的成功。

我身為以色列人，也研究祖國的文化，經常聽見以色列創業人士暢談他們在全球商業界的成功與失敗。我曾經訪問過一位紐約大學的學生。他參與紐約大學在特拉維夫開設的課程，因此在以色列居住八個月。我請他分享在文化差異方面讓他領悟最多的經驗。他說：「我住在以色列的這段時間，見過幾位創業家。我發現在以色列的創新文化，失敗是一種好事。這一點跟中國在內的其他文化很不一樣。其他國家的人通常會隱藏自己的失敗。在以色列，我發現真正的成功祕訣，是因為失敗而自豪，畢竟失敗是學習的好機會。」

在如此凶險的環境，只有極少數的新創公司得以「成功」，所以創業家必須保持樂觀。樂觀主要是來自接受自己的錯誤與失敗。創業家永遠都在尋找令人興奮的事，也願意冒險。這種敢於冒險的精神，也是以色列能擁有這麼多成功的新創公司的原因。

創業家相信，沒有一個產品能在零風險的環境誕生。真正的創新需要歷經嘗試錯誤的過程，所以在評估過後適度冒險，也是整個過程的必經之路。失敗是學習的機會，不需要羞愧，也不必隱藏，反而是值得宣傳的光榮事蹟。

以色列創業家的企圖心很大。這有時候是好事，有時候卻是壞事。但無論成功還是失敗，總是搞得轟轟烈烈。

——Sano 製造公司創辦人蘭斯博格[52]

以色列人成為創業家的五大因素

一、客觀情勢

從以色列在祖先的土地建立新國家的第一天起，以色列人就明白在這個地方，一切都要靠自己奮鬥。沒有白吃的午餐，沒有十拿九穩的事，就連生存也要靠自己努力。

二、強大的「熔爐」

以色列匯聚的不只是受到迫害的難民，還有具有強大信仰與企圖心的人民，是勇者的熔爐。到現在仍有許多樂觀、有理想，有創意的新移民，從北美、法國，以及其他歐洲國家湧入以色列。

三、兵役

以色列幾乎是由全體國民共同捍衛國家安全。以色列國防軍是人民軍隊，以色列人民無論男女，都有服兵役的義務。以色列很早就形成目標導向的社會，軍隊的價值觀擴散到民間。所有的城市與城鎮都位於前線，所以軍人是名副其實在保衛家人與家園。以色列的軍人英勇戰鬥、善盡職責，也將軍中養成的思想，在日後帶往專業與商業領域，並且運用在日常生活。

四、接受失敗

在亞洲國家，害怕失敗的心態非常普遍，覺得要是失敗了，在家人、朋友、同事面前會抬不起頭來。在以色列，企業人士卻能公然說起自己的失敗經驗，全然無所謂，甚至還很得意。如同先前所述，失敗對他們來說是學習的機會，能累積經驗，了解往後該如何改進。以色列人從念小學開始，老師就會鼓勵他們要有膽識，勇於接受新挑戰。重點在於要勇敢嘗試，不要放棄。

> 每一次成功的旅程背後，都有一段失敗的歷史。
>
> ——Waze 創辦人列文[53]

五、生態系

創業家需要一個能提供支援的環境，就像以色列現在的環境。先是創業家「成功」，再成為下一代的「天使」（運用私人資金的投資人）與良師，一直上升到政府層級的支援，也就是以色列創新局（先前叫做首席科學家辦公室）。

創新是以色列人的生命與空氣。以色列有九十幾個創新輔導機構，最知名的包括 Microsoft Ventures、IBM Alpha Zone，以及 8200 EISP。僅僅在以色列的中心區，就有五十幾個共享工作空間與共享中心，包括 WeWork、SOSA、Mindspace，還有很多很多。

企業巨擘很久以前就在以色列開設創新與研發中心，例如 IBM、ebay、惠普、AT&T。德國汽車製造龍頭奧迪、BMW、Daimler-Mercedes 旗下的數位地圖事業 Here，目前也正在以色列設置創新中心。

現在的問題是：**以色列該如何從「新創國家」，躍升為國際商業巨擘國家？**

這個問題我沒有答案，但我發現許多以色列年輕經理人的觀念已經改變，變得更重視細節，也開始做長期策略規畫。這在以色列可是前所未聞的事情！這些開路先鋒仍然具有老一輩的遠大夢想，也像老一輩奮力前進，但現在也會把眼光望向別處，向發展程度更高的超級大國，學習商場上的智慧。

深度探索：企業家的特質

「最簡可行產品」與以色列創新文化之間的關係

在當今的新創企業界，很多人都在討論「最簡可行產品」（Minimum Viable Product，MVP）一詞。產品的基本概念是在新創企業成立初期，就趕快驗證是否可行，也就是先看看市場對你的產品反應如何，確認客戶的需求，評估其他的變數，以免浪費時間與金錢，開發沒有市場的產品。

我從薩拉尼發表的一篇部落格文章[54]，找到一個很好的例子，從Spotify產品開發團隊的策略，可以看出最簡可行產品的思維：

「如果你想把車子（最終產品）以某個價格賣給你的客戶，設計得不好的最簡可行產品或是最初設計，往往會長得很像車輪（見下圖）。與其製造一個車輪（不完整的最簡可行產品），還不如思考如何讓顧客完整體驗，用比行走更快的速度，從甲地到乙地的感覺。滑板會是一個很簡化的解決方案。使用滑板需要耗費很多人力，但確實能帶來完

資料來源：Tsalani

整的體驗，從甲地到乙地的速度也會比走路快。況且生產滑板，要比生產汽車便宜得多，也省時多了。」

我看完那一篇文章，還有前面提到的例子，發現最簡可行產品的策略，也能用來解釋以色列的創新文化。以色列人不會發明下一個賓士汽車，但會製造出其他夠好的汽車或是產品，生產成本會低廉許多，生產速度也會大幅提升。這才是身處當今瞬息萬變的科技界的致勝祕訣：速度要快、要聰明，當然也要好用。

積極創業與創新精神是以色列文化不可或缺的一部分。以色列人會思考短期策略、隨機應變、勇於冒險，不會浪費時間探究小細節，也能務實面對一路上的變化，適應新局面。在我看來，我與以色列人經營的全球企業合作，也研究這些企業，發現最簡可行產品的概念，正好呼應我們在以色列文化的身份。

開國元老的預言

納馮是以色列國第五任總統，是一位謙謙君子，也是堅守信念，熱愛人類的教育家。他於二〇一五年十一月六日去世，享年八十八歲。在他逝世的六年前，他決定坐在攝影機前，發表將近一小時的談話，暢談他的過去，並分享他對未來的預言。他與以色列開國元老同屬一個世代，也是第一位留下遺囑影片的以色列政治人物與教育家。他在影片中強調，進步與科技極為重要。

納馮。圖片來源：Wierzba[55]

在以色列國建國之初的那些年，納馮擔任以色列第一任總理本古里昂的辦公室主任。在訪談影片中，有人向他請教本古里昂的世界觀。納馮說，看以下這段本古里昂的言論，即可略窺一二：

論財富、資產、石油與礦產，我們永遠無法與對手，也就是現在的敵人競爭。我們只能以品質、道德與科技取勝。以色列的生存取決於品質，取決於我們所代表的社會的面貌。那些人始終會擁有更多的坦克、飛機與人口，但科技優勢會在關鍵時刻助我們一臂之力。[56]

以色列國是在一九四八年建國，很難想像僅僅幾年之後，在一九五〇年代，這個新國家的第一位領袖，就已經知道以色列日後會享有科技優勢。他簡直是預言了以色列今日的面貌：一個年輕的小國，又稱「新創國家」。

Loud

L——聲高氣響

以色列人的溝通風格用「聲高氣響」形容相當貼切。「聲高氣響」代表：

- 高分貝與強悍的語氣
- 情緒激昂的性格
- 「喧鬧」的肢體語言，經常動用雙手與雙臂
- 注重說，不注重聽
- 對生活的各層面都有強烈的情緒

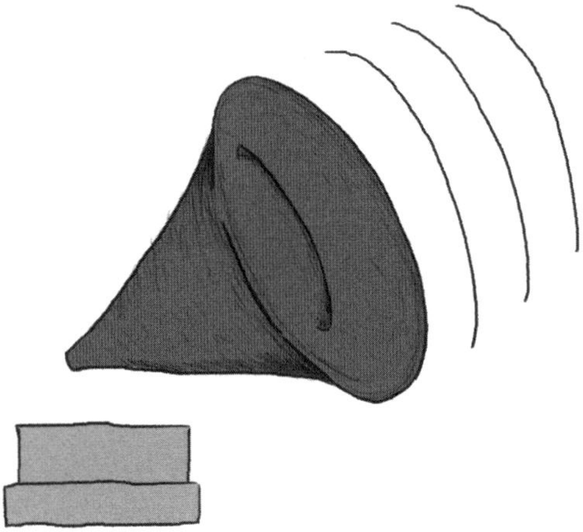

第一次光臨以色列的人，常說不管走到哪裡都聽見「忙碌的喧鬧」。那聲音來自家家戶戶走在街上，顧客坐在戶外餐桌旁，還有萬頭攢動的道路與超級市場。外來訪客覺得在以色列沒有個人空間，肢體碰觸是家常便飯，還要經常面對一些很直接的問題。以色列人排隊不會排成一直線，所以在銀行、在路上，或是在公共場所等候，要小心自己的位置不要被人搶去。這種種現象都帶來一種「喧鬧」、混亂的印象。

趣聞一則：

為了了解外國人如何看待以色列同事，我訪問將近一百位來自世界各地、曾經接觸以色列企業文化的外國人士。其中一位受訪者名叫亞倫，是美國人，在一家以色列全球企業擔任高階主管數年。在訪談過程中，情緒激動的他對我訴說他所遭遇的文化衝擊。當時的他還在一間小型的美國新創公司工作，有一家大型以色列企業打算收購這間新創公司。

他尚未接觸以色列之前，對這個國家唯一的印象，是CNN那些駭人聽聞的新聞報導。他到以色列開會，討論以色列企業收購他們公司的事宜。他對我說，以色列國際機場的現代化程度，以色列多采多姿的休閒文化，還有當地的美食，特拉維夫海灘的歡樂氣息，以及典雅的以色列企業總部，在在都讓他無比驚艷。

會議在融洽的氣氛中展開，現場有吃有喝，大家親切談天，滿臉微笑。沒想到在場的兩位以色列主管，馬上開始就合約的幾個重點大聲爭執，好像還很生氣的樣子，吵著吵著還講起希伯來語。亞倫當然聽不懂他們在說什麼，只覺得他們那麼大聲，手一直動來動去，臉孔都扭曲了，想必這個合約還得經過重重難關才能敲定。他認為鐵定簽不成了。

結果大大出乎他的意料。到了會議尾聲，那兩位以色列男士竟然拍拍彼此的肩膀，笑著說：「我們午餐要吃什麼？」亞倫簡直不敢相信。兩個人剛剛還吼得不可開交，怎麼現在像沒事一樣？最震撼的是大家吃完午餐，合約竟然就敲定了，從此亞倫就在合併後的以色列企業工作。那些原本看似失禮逾矩的舉動，現在的他都不會在意。**他說，他現在知道，以色列人只是需要有人聽到自己的意見。**

我的建議：

盡量容許以色列人暢所欲言，他們要多大聲都行。聽起來也許不太悅耳，但這就是以色列人說話的方式，聽見了不必生氣，也不用太當一回事。這樣雙方都能更順利，也能更快達到想要的結果。

社交距離

聲高氣響似乎與整體的社交界線有關。人類學家霍爾曾發表空間人類學的論著[57]。他認為在西方國家，一般人所熟知的人際距離，是彼此感覺親密的人之間的距離。他將這個距離稱為「親密空間」，定義為大約四十六公分的距離。這通常是家人之間、好友之間，以及醫師與病患之間的肢體距離。

商務會議的與會人員，或是陌生人閒聊，會保持比較長的人際距離，

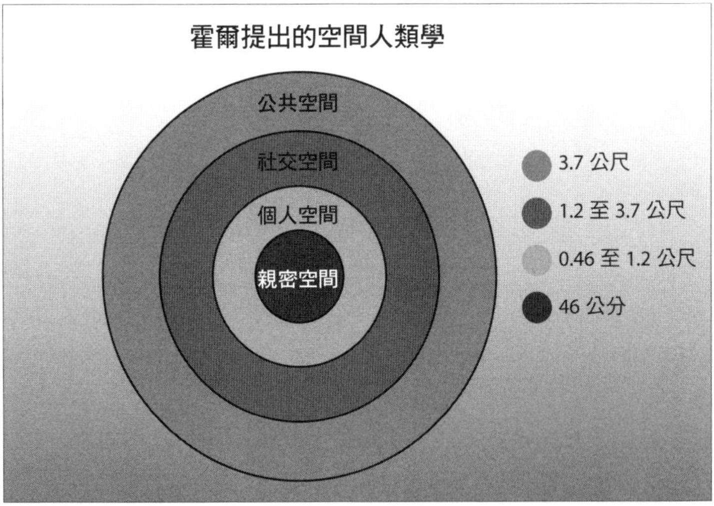

圖片依據霍爾的概念繪製

通常介於四十六公分與一・二公尺之間。

在以色列，很多人跨越這些界線。即使跟你認識不深，與你交談也還是站得離你很近。就算完全不認識你，也會把手放在你的肩膀上。

在我的跨文化課程，我用一種課堂活動，讓學員體驗各種不同的人際距離。我坐下來，請一位非以色列人將座位挪得離我越來越近，直到他覺得不自在為止。大多數的學員

會在至少四十六公分的距離停下來。我再請一位以色列學員做同樣的事。他越靠越近，越靠越近……我跟他的距離都不到四十六公分了，他還沒停下來……後來是**我**覺得不自在，是**我**請**他**不要再靠近了。

以色列有很多現象，都反映出工作與生活之間沒有界線。以色列人會在職場建立親密的友誼。遇到學校放假，可能會把孩子帶到工作場所。即使是上班時間，也會打電話給家人。但反過來說，以色列人也常常把工作帶回家，自願長時間在家加班。在晚上與同事聯絡的次數，也遠比外國人頻繁。

時間觀念

不同的文化也有不同的時間觀念。例如在瑞士，所有的活動都按照固定的時程進行。在全球各地，事情要是完全按照計畫進行，就叫做「跟瑞士時鐘一樣準確」。對以色列人來說，這很值得羨慕，但也有些死板。在瑞士，早到才叫做準時，準時到就叫做遲到。以色列人卻把延遲當作家常便飯，不喜歡一板一眼的時間觀念。

霍爾在著作《沉默的語言》[58]將這兩種不同的時間觀念命名為單工文化與多工文化。在單工文化國家（例如美國、德國、瑞士與北歐），時間是一種資源，必須畫分成固定的時程與時段，予以控制。每一個單位時間只規畫做一件事情。而在多工文化國家（例如以色列、法國、義大利、希臘以及墨西哥），很多活動都能同時進行，比較不需要按照固定的時程。

圖片來源：Rawpixel.com [59]

這兩種時間觀念，對於工作風格有不少影響。以色列屬於多工文化，發展出以下的工作風格：

- 可以同時處理一件以上的事情
- 把時間表當成目標，但不是最重要的目標
- 會共享並傳播許多資訊，各式各樣的資訊都會互通有無
- 不會嚴格遵守開始時間
- 能接受事情被打斷
- 覺得人比工作重要
- 允許員工擁有彈性工時
- 不介意會議不按照排定的議程走
- 不介意員工身兼數職
- 在會議中也能接電話、收發電子郵件

我長期研究以色列文化，訪問曾與以色列人共事的國際企業各階層員工。其中一個受訪者名叫莎拉，是高級主管的助理。現年七十幾歲的她，與以色列人共事的經驗相當豐富。她的祖先來自歐洲，她很難適應以色列企業文化。她經常收到公司的幾位行政助理寄來的電子郵件，有些以色列人寫的電子郵件還會標註**緊急（URGENT）**。在西方文化，尤其是北美與歐洲，「緊急」兩個字傳達的意思非常清楚明確，代表這件事一定要放在第一優先，而且時間緊迫。

但在以色列企業文化中，「緊急」卻不是這個意思，也許只是想表達這件事很重要。加上這兩個字，可能只是想吸引收件人注意。以色列人比較能判斷**緊急**到底是真的十萬火急，還是沒那麼急迫，外國人不了解內情，當然不容易判斷。

這種同一個詞有不同解讀方式的文化差異，可能會引發「狼來了」的情況。一個非以色列人第一次收到以色列人寄來的**緊急**通知，會立刻著手處理。第二次跟第三次收到，也許仍然會把其他事情先放在一邊，馬上處理這件事。到最後發現以色列人的**緊急**不見得是真的緊急，就不一定會優先處理，說不定連這封電子郵件都不會急著看。

給非以色列人的建議：

與不同文化的族群溝通，有時候需要多問幾個問題。想知道一件事究竟是真的緊急，還是只是重要而已，不妨問問對方，這件事有多緊急？真正的期限是什麼時候？

對於這本書的以色列讀者，我的建議是除非事情真的必須限期完成，否則不要用**緊急**兩個字。

喜歡辯論的文化

以色列人之所以喜歡辯論，也許跟猶太教有關。猶太教鼓勵討論與辯論，也因此影響了以色列文化。我們以色列人還有一句俏皮話：「兩個猶太人，三種意見。」

> 猶太人對歷史最偉大的貢獻，就是不滿！
>
> ——二〇〇七至二〇一四年以色列國總統裴瑞斯[60]

在以色列，大多數的商務會議給人的感覺是，辯論是決策的必經過程。會議當中的辯論與衝突，往往只是表達意見的一種方式，能製造良性競爭，或是良性的支持或認同，並不會傷害與會人員的社會關係與專業關係。

我最近看見一篇很有趣的文章，內容是以色列文的俚語表達方式，翻譯成英文也很有意思[61]。舉文章裡面的兩個例子：

「SOF HADERECH」：字面上的意思是「極限」，但其實是很好、很棒的意思，例如「這場宴會是極限」，意思是說這場宴會好極了。

「AL HA’PANIM」：翻譯成英文的意思是「在臉上」，意思是說很糟糕。「今天晚上的餐點在我臉上」的意思是「難吃死了」。

這篇文章寫得很好，從中得以一窺以色列文化與口說俚語。但除了內容之外，我覺得最有意思的，還是眾多的讀者回應。我當時看見六十八則，大多數是以色列讀者的回應，幾乎每一則都在辯論那些俚語的起源、意義與翻譯。那篇文章幾乎是每一個細節，都成為公共網路論壇的辯論話題。這就是我們以色列人在公共領域與商業領域的日常。

舉一個差異比較大的例子，紐西蘭文化崇尚平等與平靜、共享與共識。所以在紐西蘭的商務會議，與會人員的舉止較為安靜，會依循一套禮節，不會聲高氣響反對或爭論。做筆記是他們表達在意的方式。以色列人則是以發表意見表達在意。

在當今的以色列企業精神，辯論與討論都很直接，甚至直言不諱。不僅音量大，還會搭配攻擊性的肢體語言，例如身體往前傾、站起來、比手勢等等。辯論究竟是以色列人直言不諱的表現，一種衝突與情緒表達的需求，還是只是猶太傳統的一部分？

很難說究竟是什麼。但總之這種行為確實存在，也存在於商業環境。而且是的，以色列人確實需要有人聽見自己的意見！辯論能促進整個流程，帶動情緒交流及跳脫框架的創新思考，進而在商場上創造出人意表的理想結果。**最重要的是，非以色列讀者一定要記得，愛爭論只是以色列人的特色，絕對沒有針對個人的意思。**

深度探索：聲高氣響的細微差異

傾聽的力量

溝通不是只有說而已，也包括聽。想要與不同文化的人順利溝通，需要仔細傾聽對方說的話，還要留意對方真正要表達的意思。即使每個人使用的是相同的語言，在說英語的國家幾乎就是如此，但還是有不少潛藏的訊息，例如對話的音量、用字遣詞、沒有明說的事情，就連肢體語言也包括在內，在不同文化代表不同的含意。

溝通是雙向的過程，溝通的品質取決於講者的溝通技巧，以及對談者的傾聽技巧。路易士在《文化碰撞》[62]一書中提到，不同的文化有不同的溝通風格，傾聽的習慣也不同。德國人聽取資訊。英國人會客氣傾聽，不時微微笑，點點頭，很少會因為沒聽懂需要詢問，而打斷對方說話。美國人聆聽是有一搭沒一搭，瑞典人則是很配合，還會輕聲給予回應。芬蘭人絕對不會打斷別人說話，日本人也絕不會插嘴。

以色列人比較沒耐心，急著表達自己的意見，所以不擅長傾聽。以色列人覺得自己的直言不諱是一種美德，但這並不代表其他人也這麼想，也不代表以色列人不必在意文化上的細微差異。

> 以色列人，請別忘了一句古老的格言：
>
> 上帝給我們兩個耳朵，一張嘴巴，所以我們應該多聽少說，尤其是與不同文化的人互動。

從 Heder Vahetzi 應用程式看以色列企業精神

行動通訊應用程式 Heder Vahetzi（一個半房間）是根據以色列諷刺娛樂節目

Eretz Nehederet（完美的國家）的動畫片段製作，完全展現出以色列人緊張與善變的一面。

節目片段與應用程式的主題，是一位名叫舒里的年輕單身男性的生活，以及與他的家中物品的互動。應用程式鎖定的是使用希伯來語的玩家，推出之後不久，已經有八十萬名使用者下載。以色列的人口只有八百五十萬，所以這是非常好的成績。

這個應用程式設有許多玩家必須快速完成的任務。玩家要幫舒里這位特拉維夫單身男完成各種任務。例如舒里的鬧鐘藏

「早上七點整叫舒里起床。」 Heder Vahetzi 螢幕截圖

在鴿子後面，玩家必須準時叫他起床。玩家還要指揮掃地機器人，免得把碎玻璃也吸進去，也要接住從烤麵包機飛出來的土司，要記住冰箱架上東西的擺放次序，還要快速通過另外十個又酷又好玩的任務。

在遊戲的每一回合，玩家都有三次機會（以三顆心代表）。每次挑戰成功或是失敗，那些心就會齊聲歌唱，唱的內容是以色列大眾文化的俚語、笑話與聲音。例如玩家完成了一個任務，就會聽見「帥喔」、「大明星耶」、「你有科學家的基因」……之類的稱讚。挑戰失敗則會得到「魯蛇啊你」、「我覺得你應該更厲害才對」，還有「我們再來一次，這次要更好」……

最受歡迎的應用程式，例如 Temple Run（位於華盛頓的 Imangi Studios 開發的一款 3D 遊戲），或是 King 公司開發的 Candy Crush，多半含有遊戲化機制，玩家可以一邊玩遊戲，一邊學習遊戲規則，從簡單的關卡漸漸進步到比較困難的關卡。但在以色列的 Heder Vahetzi，嚴格說來只有一個關卡，並沒有由簡入難的設計。整個遊戲完全沒有準備或學習的階段，從頭到尾的節奏又快又緊湊。玩家馬上就要開始執行任務，還會遭遇其他意想不到的挑戰，也有逗趣的人物出手搗亂。

Heder Vahetzi 是快節奏、高分貝的以色列社會與企業文化的縮影。但在商業領域，以色列人的行事風格，其他文化的人看了並不覺得有趣，甚至會覺得不專業。以色列人參與商務會議，往往會一再變換話題，問一大堆問題，打斷彼此說話。有些以色列人還會在會議中突然離去又進來。有些會按照原訂計畫，出去休息五分鐘，結果十五分鐘甚至更久過後才進來。說話也會不時夾雜幾句希伯來語，再回頭說英語。

在以色列，什麼事情都有可能發生……所以要做好迎接意外的心理準備。

Improvisational

I——隨機應變

隨機應變與所有領域的創造力有關。

以色列隨機應變的文化鼓勵「跳脫框架的創意思考」，意思是說除了按照既有的計畫行事，還要不斷思考、創新、改變，直到達成理想目標，尤其是因應過程當中的種種變化與挑戰。

所謂瘋狂，就是一再做同樣的事情，卻指望會有不同的結果。

——愛因斯坦

趣聞一則：

5min.com 是以色列「創意思考」的企業典範，由哈涅弗、拉秀弗，以及賽門托夫於二〇〇七年創辦，是一個分享「如何做」影片的社交平台。網站一推出，馬上就有使用者開始分享ＤＩＹ影片，這家年輕的公司也在無意間開始與 answers.com 在內的各大ＤＩＹ與知識網站競爭。5min.com 的團隊必須因應新情勢，也了解自身科技的優勢，於是決定改變策略，將網站重新設計為「隨處可看影片」的平台，支援其他ＤＩＹ與知識網站。如此一來，原本的競爭對手全都成了客戶。

5min.com懂得創意思考，適度調整策略，事後證明是明智之舉，讓公司一舉成為全球第一影音平台。二〇一〇年，ＡＯＬ以六千五百萬美元的價格收購5min.com。哈涅弗出任ＡＯＬ影片部門總裁，賽門托夫出任該部門的行銷長，拉秀弗則成為ＡＯＬ以色列的執行長。

船到橋頭自然直

大多數的以色列企業與國際企業，都明白長期規畫與注重細節的重要性。但國際企業與以色列企業看待這些事情的態度，卻往往不太一樣。中東地區的安全與政治局勢相當緊繃，導致以色列日常處境十分艱難，時時面臨生存危機，也助長了當地商業界的一種偏好隨機應變，不重視詳細長期規畫的作風。

以色列的商業界人士能洞察整體的商業趨勢，也有願景，但經常忽略事前規畫的重要性。他們秉持某些價值與目標，但也隨時願意改變。無論是商業上還是在日常生活，以色列人常常說「船到橋頭自然直」，還有「別擔心，一切都會很順利」。

我最近在倫敦參加一場研討會，親眼看見一個跨國文化差異的絕佳例子。在場的企業介紹他們的產品與服務，卻對產品的特色與功能隻字不提。報告的重點集中在公司的願景，以及帶給客戶的價值。在場的歐洲人、美洲

圖片來源：Lightspring[63]

人以及亞洲人很欣賞這樣的報告，也讚美這些企業具體說出經營哲學。以色列人卻是一副興趣缺缺的樣子。他們只想知道最新的產品特色與升級內容。我覺得這是因為以色列人比較在意實質內容，只對實際的事實與行動感興趣，不在意背後的長期思維邏輯，畢竟誰知道明天會怎樣？

「Yihyeh Beseder」（一切都會很好）

山德森是以色列吉他手，也是歌手、音樂人、作曲人及製作人。他曾經是以色列經典樂團 Kaveret 的成員，同時也是眾人眼中的以色列搖滾樂之父。以下是他創作的一首歌的歌詞，反映出以色列人對於隨機應變的態度：

未知

我們走向未知
走向未知
走向未知
我們走向未知
天知道去向何方
是好是壞
此去不知命運如何
前途未卜
未來的想像全憑猜測
在那未知
走向未知……[64]
（原文為希伯來文）

幾乎每一個以色列人都熟悉這首歌，聽見就會心一笑。這首歌反映出以色列人隨機應變的文化。以色列人常說一句希伯來語：Yihyeh beseder（一切都會很好）。我們即使不知道未來會如何，也還是這麼想，只要有信念、智慧與樂觀便已足夠。

從二〇〇九至二〇一三年，我與家人一同居住在美國紐澤西州霍博肯市。二〇〇九年的冬季，暴風雨特別多。我來自炎熱的以色列，感覺在美國度過的第一個冬季特別寒冷。到了二月，我覺得需要曬曬太陽，否則靈魂會缺氧。我想訂機票，帶著全家到邁阿密住一個禮拜，再從邁阿密搭船到加勒比的巴哈馬群島。我先生叫我不要衝動，要耐心等待比較好的時機。我堅持要成行，逕自買了機票。

要出發的前一天，新聞報導說，由於超強暴風雨肆虐，從紐約與紐澤西出發的所有班機全部取消。我可不想取消行程！我要在溫暖的陽光下恢復活力，也會努力實現這個目標。我跟航空公司聯絡，問客服人員還有沒有別的辦法。她只是一再表示，真的沒有別的辦法，從紐約跟紐澤西出發的班機全都取消了。

還在電話上的我想換個角度思考眼前的情況，要隨機應變，跳脫框架創意思考。我請教客服人員，距離我們家車程五小時的華盛頓特區的班機是不是照常出發。她說是，會照常出發（當時我還納悶，她自己怎麼沒想到呢？）。我們不想取消臨時決定的假期，於是隨機應變，開車五小時到華盛頓特區，再搭飛機到邁阿密。

那位客服人員是按照公司的指示做事，公司顯然沒教導她要努力思考應變措施。我從小就學會要有膽識，不要輕言放棄，要保持創意思考的習慣，當然還要相信以色列人的箴言：「一切都會很好」，而且要**努力實現**。

框架之外

《過境點》一書的作者莎哈與克茲是移民到以色列的美國人。這兩位作者寫了一本有著色圖案的書，描寫某些以色列人的行為與態度：

國家有自己的規則與指導原則，每一個國民都必須遵守，國家才能順利運作，也才會井然有序。在許多國家，例如美國、英國、德國、瑞士，國民的行為始終維持在「框架之內」，正如下圖左所顯示。這樣的缺點在於死守規範，幾乎沒有隨機應變的空間。

以色列的情況就像下圖右，著色溢出框架之外，代表非常重視跳脫框架的創意思考能力。以色列人很清楚，若能創造更好的結果，隨機應變不但無妨，甚至可以說是更好的策略。按照這樣的思維，規則是僅供參考，並不是非得遵守不可。

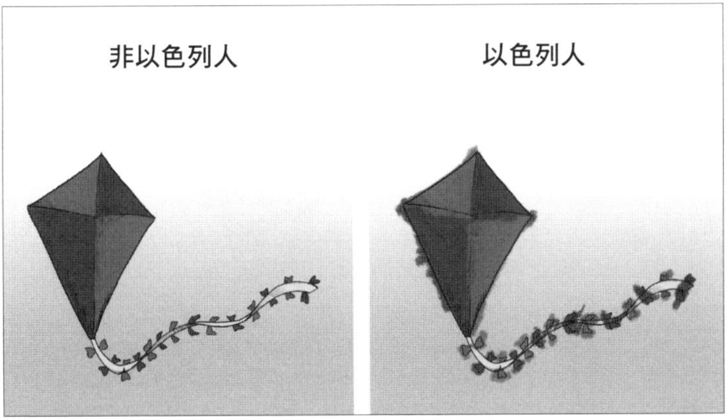

圖片依據 Shahar & Kurz 繪製[65]

一個人如果具有隨機應變的傾向，懂得跳脫框架創意思考，那麼他的工作計畫與目標也都可以改變。這樣表面上看來會製造混亂，但同時也會創造更好，更有創意，更有趣的結果。

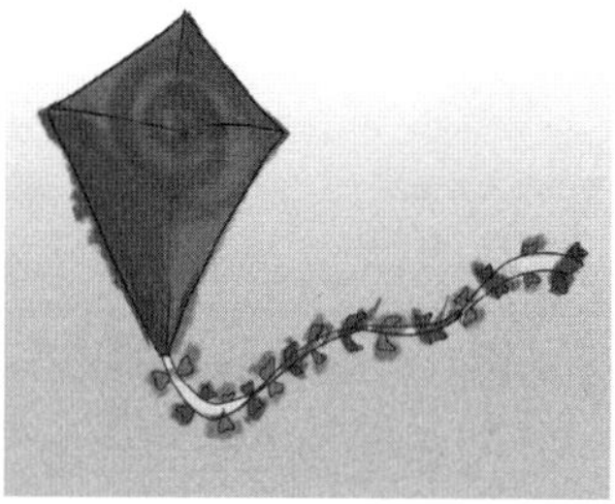

以色列企業文化鼓勵下列的態度與行為：

- 願意超越極限
- 願意為了更好的目標而隨機應變
- 無窮無盡的好奇心
- 即使超出原始計畫的範圍，也願意冒險

Combina（複數是 combinot）是以色列商業界的一種現象，顧名思義就是聯盟的意思，通常是召集各路人馬，共同進行一個複雜的計畫或交易，不一定會涉及非法層面，但還是有這種可能。Combinot 也可能會省略某些步驟，或是無法達成設定的標準。這種現象來自以色列人的優勢，也就是懂得隨機應變，以創意的方式解決或迴避問題與規範。

個案研究：提升使用率的產品本地化

Moovit 是一個以色列新創產品，提供即時的公共運輸資訊與GPS導航，涵蓋公車、渡輪、火車與捷運（輕軌、地鐵等等），受到全球八十個國家兩千兩百多個城市、超過一百萬名使用者信賴。

我拜訪 Moovit 公司，很佩服他們員工的多樣性，有巴西人、德國人，中國人等等。Moovit 雇用來自各國的員工，為使用者開發出高度本地化的產品。（Moovit 產品與行銷副總裁）梅達告訴我，公司是如何完成產品本地化的重責大任。

Moovit 原本是將插圖製作成應用程式的圖標，省下不少時間與成本。後來改用真正的照片製作圖標，又做了調查，發現每日使用者增加了百分之五十。他們最有趣的變革，是將通用的巴士圖片，改成每個國家真正的巴士圖片，結果績效成長率竟然超過百分之百！也就是說這家公司將目標顧客的需求放在心上。使用者看見熟悉的公車，或是其他交通工具，會比較放心，也更信任 Moovit 應用程式。使用者的信任，就是企業在全球數位世界的致勝關鍵。

在這個個案，Moovit 進行消費者市場研究，再依據研究結果調整應用程式，展現出以色列人隨機應變的能力。這家企業採取一連串邏輯縝密的行動，同時保持開放的態度，願意將產品予以調整與升級。Moovit 除了積極創業之外，也有一種信心與膽識，不會因為顧慮太多，擔心後果而動彈不得。

我的建議：

與以色列人共事，要在你的縝密規畫，與以色列人的隨機應變與敢於冒險之間，找出中庸之道。兩種不同的路線最終能夠互補，創造意想不到的好結果。

俗話說得好：

在美國，除非被禁止，否則什麼都可以。在歐洲，除非可以，否則什麼都被禁止。在以色列，就算被禁止，也還是什麼都可以。

深度探索：把企業經營當成一種創意計畫

下面介紹的兩個例子，是兩種不同的隨機應變的概念。第一個例子是以色列人喜歡依循自己的判斷，設計自己的產品規格。第二個例子的隨機應變比較類似創造能力，而且以色列人認為這是一種很好的特質，不是負面的偶發狀況，也不代表準備不足。

職場傳真：飛機維修計畫

自從二〇一五年這本書的第一版問世，我陸續收到各地的讀者寄來的大批電子郵件，分享他們與以色列人共事的經驗。以下是一封很有意思的來信：

嗨，奧絲娜

剛剛看完妳的大作《跟以色列人做生意，和你想的不一樣！》，真的很喜歡。

我目前在以色列進行一項飛機改裝計畫。我們公司要把自有的一架客機，改裝成貨機，改裝工程外包給一家以色列公司處理。我是公司派駐在現場的代表，負責在本古里昂機場與以色列的管理團隊與人員接洽。妳寫在書中的趣聞與建議都很真實，但我遇到的最大難題，是如何才能讓外包廠商遵守我們公司所依據的美國聯邦航空總署飛機維修計畫。以色列人按照自己的改裝認證計畫，所以不太在意我們的維修計畫的政策跟程序，可是我怕這樣一來，會害得我們公司違反美國聯邦總署的作業程序。我只有這一層顧慮，其他方面的合作都很愉快。我跟以色列團隊合作順利，覺得他們是很好的朋友。

再一次謝謝妳在書中提供的寶貴建議。

我收到這一封來信，便與這位讀者所提到的以色列公司聯繫，想聽聽他們的說法。我也想告訴他們，我們這種不太傳統、隨機應變的思考模式，看在那些恪遵規範的外國人眼裡，可能會覺得太有創意，也會覺得我們不太專業。以色列人想要跟別人順利共事，必須先了解別人眼中的自己，也許需要調整某些行為。可惜我始終沒收到回音，這也是以色列人常有的毛病……

我聯絡上面這封信的作者，希望他能同意我把這封信收錄在新版。他欣然同意，也利用這個機會補充一些意見：

還有幾點值得分享……我們跟以色列團隊互相尊重，一一克服了困難，我覺得也建立了友誼。現在計畫快要完成，我以後一定會懷念與這些朋友共事的日子，懷念生活在以色列的時光。最後我要說，這家以色列公司真的很會慶祝飛機改裝成功，活動辦得超棒！

職場傳真：用免洗餐具盛裝頂級湯品

夏尼是一位以色列廚師，也是 Romano、Hasalon、Port Said、North Abraxas 以及 Miznon 餐廳的老闆。他最近在紐約、巴黎、維也納及墨爾本新開四家 Miznon 的分店。他最著名的特色，是其帶有詩意的語言，以及直率又有創意的餐點。從他在許多電視節目的表現，以及他的餐廳的菜單，不難發現他獨特的表達能力。他在以色列也常常以別出心裁的方式上菜，例如特拉維夫的 North Abraxas 與 Port Said 餐廳，麵包是放在牛皮紙上端給客人，Miznon 餐廳的牛排甚至白花椰菜都是夾在圓麵餅裡面。

夏尼最近參加電視節目「廚師大戰」，與另一位以色列廚師羅斯斐搭飛機到義大利，學習義大利菜餚的烹飪技巧，製作單位也聚焦在兩人的近距離互動。每一集節目的結尾，都是兩位大廚的廚藝大賽，由幾位義大利名廚擔任評審。

在節目的第一集，夏尼端出「鄉村魚湯」款待赫赫有名的那不勒斯大廚。裝湯的餐具，是他幾小時前在戶外市場購買的藍色塑膠碗。以色列人很喜歡夏尼的創意料理，但幾位義大利名廚對他的魚湯卻反應平平，因為是裝在便宜的塑膠餐具。

夏尼受到嚴厲批評，不僅是因為用塑膠餐具盛裝熱湯，當然也是因為塑膠餐具與傳統餐廳的白色桌布不搭。面對義大利名廚的批評，夏尼在節目上說：「義大利人無法理解不同的呈現方式……以色列人比較了解我，因為以色列人講究進步，要不斷推陳出新……」

ISRAELI™ 模型概要與建議

專業接觸的蜜月期一旦結束，各國的商業界人士就會開始尋找共同的社會規範、核心思想與情感。在每一個文化，難免會有一些人的行為舉止不太一樣。不過一個國家大多數的人口會有類似的傾向，行為模式與文化思想會趨於一致（見本書緒論最後的「能不能避免文化概括？」）

以下是以色列企業文化的主要特色的概要，以七個單字的首字母組合成ISRAELI™，涵蓋與以色列人做生意的指導原則。以下是這本書第二部分的濃縮精華版，方便讀者快速檢閱簡要的建議：

I S R A E L I

Informal 不拘小節

Straightforward 直言不諱

Risk-Taking 敢於冒險

Ambitious 雄心勃勃

Entrepreneurial 積極創業

Loud 聲高氣響

Improvisational 隨機應變

不拘小節

以色列商業界不拘小節的特色，不只表現在外在的樣貌，例如穿便服上班，也展現在人際互動方面。以色列人可能跟你才見過幾次面，或是在面試時初次見面，就直接詢問你的私事，例如結婚了沒有，有沒有孩子等等。在以色列這樣的低權力距離的文化，人與人之間會互相以綽號稱呼。就連以色列總理納坦雅胡，也是眾人口中的「比比」。以綽號稱呼感覺比較親近，甚至很像好朋友。

給帶領以色列員工的經理人的建議：

下放權力：將權力盡量下放，不要干預。這樣能激勵以色列員工，他們感受到你的信任，接受你所賦予的挑戰，也就會尊敬你。

給帶領講究尊卑之分的員工的以色列經理人的建議：

沿用比較正式的態度。允許員工對你使用正式稱呼，也就是在你的姓氏後面加上小姐或先生。要知道你的外國下屬需要你的鼓勵，才有前進的動力。倘若不這樣做，講究尊卑有別的主管與員工會認為你軟弱無能，領導無方。

直言不諱

在以色列文化，想聽懂別人的話，不需要花費太多心思。以色列人會把心裡的想法直接說出來。以色列人認為你弄錯了，會直接說：「你錯了。」邀請你到家裡，也是真的認為你會光臨。你問他們的意見，他們會認為你真的想聽，也會直言不諱。

給帶領以色列員工的經理人的建議：

要分清楚職場上的直率與人際上的直率：很多以色列人並不明白，他們的直言不諱看在外國人眼裡就是企圖心強。跟以色列人共事，要記得這一點，不要把公務上的直來直往，與人際關係上的衝撞混為一談。

給帶領不習慣直言不諱員工的以色列經理人的建議：

盡量維持和諧，用字遣詞要友善：意見不合可以用更圓融的方式表達，例如

「你的建議很有意思，我們以後再討論。」那些不習慣直言不諱的外國人，在小小年紀就學會這種迂迴圓融的語言。不要認為這樣說話不誠實。要尊重對方的文化，尊重對方重視和諧的思想。要懂得對方的弦外之音，也要記住「很有意思」、「以後」這一類的話，往往是委婉拒絕的意思。對方真的有心合作，就會給出具體的時間表。

敢於冒險、雄心勃勃以及積極創業

我認為敢於冒險與雄心勃勃的結合，會製造出積極創業的精神。敢於冒險與雄心勃勃也是積極創業不可或缺的成分，所以我把這三項特色當成一體。一個創業家不但要有創新的雄心，為了達到目的也要敢於冒險。以色列是一群追求進步的創業家所組成的國家。這些創業家勇於挑戰困難的問題，探索所有的可能，不見得會嚴格遵守工作計畫或時程表，但絕對不會忘了要追求的目標。

給帶領以色列員工的經理人的建議：

勇於放手一搏：以色列人往往胸懷大志。善用以色列員工敢於冒險，隨機應變的優勢，會帶來意想不到的收穫。但也要記得，你所具備的長期策略規畫，以及重視細節的能力，也是重要的資產，能與以色列人的特質互補。這也是具備文化多樣性的企業，能快速成功的原因之一。

給帶領習慣穩紮穩打的員工的以色列經理人的建議：

說清楚，講明白：以色列人很能適應不確定的環境，因為他們生活在政治、安全、經濟全都不穩定的國家，早已習慣與不確定性共存。但是其他國家的人習慣了穩定明確的環境，遇到不確定性與混亂無序就容易陷入焦慮。要幫助他們消除這種焦慮，以色列人應該盡量在一開始，就把道理詳細說明白：為什麼覺得這個計畫值得做，如何評估風險，以及接下來的步驟等等。

聲高氣響

所謂聲高氣響，不只是音量大、聲調高、肢體語言強烈，也代表以色列整體的緊張感。以色列處處「喧鬧」，聲音來自家家戶戶走在街上，還有萬頭攢動的道路與超級市場。以色列人問話直接，肢體碰觸是家常便飯，缺乏個人空間。在企業界，工作與生活之間沒有界線。以色列人即使在上班時間，也會打電話給親朋好友，但也會把工作帶回家，自願長時間在家加班，會在晚上與同事聯絡。這種種因素塑造出以色列與以色列人「聲高氣響」的名聲。

給帶領以色列員工的經理人的建議：

努力適應以色列人聲高氣響的溝通方式，不必生氣，也不必太當一回事。要記得，以色列人常常會太靠近別人的肢體，超出別人所能容忍的範圍，也常常會問一些外國人覺得不專業的問題。但是以色列人對於這種跨越界線的行為習以為常，認為是誠心誠意想建立交情的表現。

給帶領覺得以色列人太「聲高氣響」的員工的以色列經理人的建議：

尊重個人空間：非以色列人習慣公私分明，所以要尊重他們的個人空間，與他們保持至少四十六公分的肢體距離，也不要問起私事，例如「你幾歲？」「有沒有孩子？」「那個多少錢？」「你的收入是多少？」之類的問題。

隨機應變

以色列隨機應變的文化鼓勵「跳脫框架的創意思考」，意思是說除了按照既有的計畫行事，還要不斷思考、創新、改變，直到達成理想目標，尤其是因應過程當中的種種變化與挑戰。很多國家的商業界人士，都習慣嚴格遵守工作計畫，很難適應以色列人迅速改變的作風。

給帶領以色列員工的經理人的建議：

把計畫分割成小塊：以色列人傾向隨機應變，一旦跳脫框架，原先的計畫、時程甚至是目標可能都要改變，也許會造成混亂。但以色列人的創意思維，也能創造意想不到的好結果。我給非以色列人的建議，是將計畫清楚畫分成不同的階段，遇到變化就能及時發現，討論過後再進行下一個步驟。

給帶領習慣嚴格依照計畫的員工的以色列經理人的建議：

在隨機應變與規畫之間取得平衡：跟習慣嚴格遵守工作計畫的同仁共事，要在他們的縝密規畫，與你的隨機應變之間，找出中庸之道。兩種不同的路線最終能夠互補，創造意想不到的好結果。我也建議以色列人，將每一個計畫畫分成小塊，習慣按照工作計畫的非以色列人就能及時發現變化，也比較容易接受變化。

第三部

ISRAELI™ 特色的相互作用

我們前面詳細探討了以色列文化特色，所以現在要討論的重點，是除了先前提過的許多例子之外，這些特色還會如何展現在現實生活。以下是一些具體的觀察、建議與工具，能幫助主管、同事、供應商、客戶與合作對象提升溝通品質，成就與以色列人合作的最大效益，也許還能與其他文化的人士合作順利。

在這一章，我們要回答以下的問題：

- 哪些工具能縮短文化差異？
- 多元文化團隊的最佳管理策略是什麼？
- 該如何領導有以色列成員的團隊？
- 與以色列人共事應該知道的十件事是什麼？
- 以色列人與美國人、德國人、中國人、非洲人溝通，應該特別注意哪些文化差異？

我們先看看一個真實故事，是以色列文化與美國文化的對比，我覺得很有趣又發人深省。

一位任職於國際企業的以色列年輕人，飛往美國與當地的同事見面。他們一起開車到幾小時車程之外的另一個公司據點，半路上到一家速食餐廳用餐。餐廳裡面排著長長的隊伍。以色列人用眼角瞄到一位女員工坐在店外的得來速窗口，等待生意上門。他的以色列性格立刻發作，走向那位女員工。

「哈囉，」以色列人說，「裡面的隊伍太長，妳的窗口又沒有車子。我能不能跟妳點餐？」

女員工看著這位走過來的年輕人，覺得很好笑，對他說：「先生，抱歉，得來速窗口只服務開車的客人。」

「我知道啊，」以色列人說，「可是裡面的隊伍這麼長，這邊又沒有人排隊，妳應該可以幫我點餐。」

「先生，按照公司的規定，我只能服務車子裡面的客人。這個窗口的客人如果不是坐在車子裡，就不在我們公司保險理賠的範圍。所以麻煩您還是回到裡面，跟其他人一樣排隊。」

以色列年輕人說了聲謝謝，退後兩步又停下來。他不肯放棄。這位得來速員工為何那麼死板？為什麼不能通融一下，幫他點餐呢？他決定換個方法，再試一次。

他再次走向女員工，要用大大的微笑讓她無法抗拒。他站在窗口旁，比出按喇叭的手勢，大聲說：「叭……叭……叭……」，無視對方一臉驚訝瞪著他。他說：「妳確

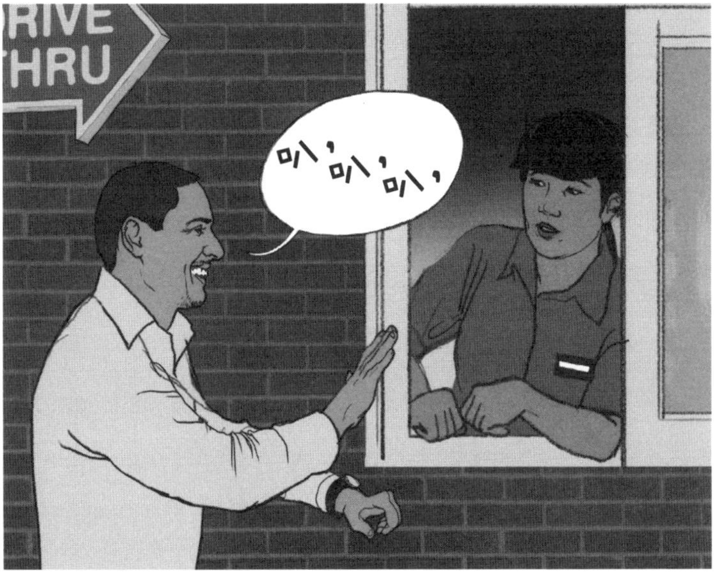

定不幫我點餐嗎?」

那位美國女員工應該沒見過幾位以色列人。你覺得她會怎麼做?會不會在得來速窗口幫這位以色列人點餐?

結果他闖關失敗,女員工不肯幫他點餐!不過他身為以色列人,還是很慶幸自己努力過。我在前面說過,以色列人不會輕言放棄,但也不會太生氣。人生在世難免有輸有贏。

縮短文化差異的工具

我身為顧問，聽過無數跨國企業的代表分享他們與以色列人共事所遭遇的種種挑戰。不過這些企業遇到的某些情況極為複雜，連把問題說清楚都很困難。以下是我設計的一個程序，文化背景不同的經理人與員工藉由這個程序，就能找出與以色列人共事的文化差異，解決問題。

實用的問題解決方案

石川圖又稱「魚骨圖」，是因果關係的示意圖，能顯示出一個問題的成因。

你在右方的方格，寫下你自己或是你們公司面臨的問題。我們現在的問題是：與以色列人共事。接下來你再把你能想到的所有原因列出來，在每一個箭頭旁邊寫下一個原因。如此就會列出與以色列人共事的所有問題。例如：

- 以色列人寫的電子郵件太簡短，提供的資訊不足。
- 以色列人太喜歡問別人的隱私。
- 以色列人在對話過程中不斷變換話題。
- 以色列人注重說，不注重聽。
- 以色列人不見得會按照既定的計畫，常常會在執行過程中改變計畫。

下一個步驟是選出可能性最大的基本原因，也就是最關鍵的箭頭。這是你要透過另一個空白的石川圖解決的問

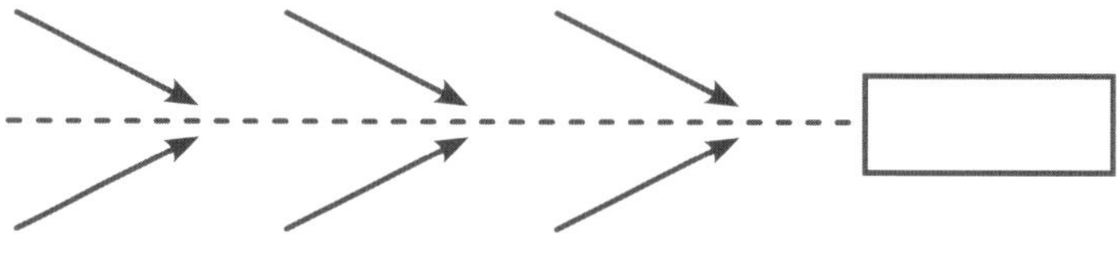

魚骨圖。圖片依據 McLean 繪製[66]

題，也是你改善多元文化工作環境的第一步。

現在請你回答與眼前的挑戰相關的四個問題：

一、我對以色列同事有哪些期待？

二、以色列同事對我有哪些期待？

三、我能如何提升合作關係與績效？

四、以色列同事能如何提升合作關係與績效？

我們以「與以色列人通信」的問題為例，也就是說我寫了很長又詳細的電子郵件，以色列人的回答卻很短，內容又空泛，沒有回答我所提出的大多數問題。

一、我對以色列同事有哪些期待？

希望他們回答問題能更詳細，不是只說「是」、「否」加上寥寥數語。

太短的回答容易給人沒有興趣、不甚感謝、不願合作的感覺。合作案要能迅速推進，順利成功，以色列人也必須適度展現誠意，有效溝通。

二、以色列同事對我有哪些期待？

不要拿這麼長，這麼瑣碎的電子郵件來煩人。

他們希望我只要信任他們就好，不要給壓力。

三、我能如何提升合作關係與績效？

首先要知道英語並不是以色列人的母語，所以以色列人比較難用英文長篇大論寫信。相較於電子郵件，以色列人多半比較喜歡直接對話。我有問題要問，或是需要溝通，可以打電話給以色列同事（如果在同一間辦公室，還可以直接到他們的座位）。這樣不但能馬上處理眼前的事情，也可以強調我真的需要更詳細的資訊，請他們務必回答得完整一些。

四、以色列同事能如何提升合作關係與績效？

以色列人最好能夠理解，其他文化背景的商業界人士比較習慣收到又長又詳細的電子郵件（這是想要知道與需要知道的差異）。以色列人要盡量提供更詳細的資訊，改掉「不用擔心，我這邊的事情我都會搞定」的心態。

你填妥石川圖，回答以上四個問題，應該就會比較了解問題出在哪裡。接下來我建議你與以色列同事對談，無論是實際碰面，或是虛擬會議都好。以平和的態度，將你的需求解釋給對方聽。畢竟大多數的以色列人都有，呃，良性的自尊，所以對談的氣氛最好別太拘謹，也要適時提供正向增強（讚美以色列人的優點，以專業的角度讚賞他們的工作表現），同時強調合作愉快的重要性。

有時候只要稍微解釋幾句，對方對於你的態度與行為就會完全改觀。了解自己帶給別人的印象，再花些時間解釋你的行為及箇中原因，能提升別人對你的信任，也會大幅改善你在商務上的溝通品質。你解釋得越清楚，來自其他文化背景的合作夥伴，就越容易適應你的行為。跨文化合作的許多問題都是同樣的道理，只要互相了解，溝通開誠布公，商場上的成功便指日可待。

文化智商

我在前面說過不只一次，這本書涵蓋了以色列文化，以及其他文化的研究與概括。大多數人都符合概括的描述，但也要記得我們畢竟是獨特的個體。所以我們與來自其他文化背景的人共事，知識固然重要，對於文化的理解也是不可或缺。如此一來不僅能運用概括而論的印象，也能將每一個人視為獨特的例外。

跨文化溝通與相互學習要能順利，參與的各方都必須是具備高CQ（Cultural Intelligence，文化智商）的聰明人。利弗莫爾在《文化智商差異》一書中寫道，全球商業界的高文化智商所涵蓋的範圍，並不只是一個人的智商、履歷以及技術專業而已。文化智商模型含有四個變數。

文化智商動力代表一個人在多元文化環境，有效運作的興趣與信心。

文化智商知識是了解其他文化與自己的文化的異同之處。

文化智商策略是一個人如何解讀多元文化經驗，必須評估自己的思考過程，以及別人的思考過程。

文化智商行動是一個人為了適應多元文化，調整自己的語言與非語言行為的能力。需要能靈活調整自己的行為，回應各種文化狀況。

文化智商變數：動力、知識、策略與行動

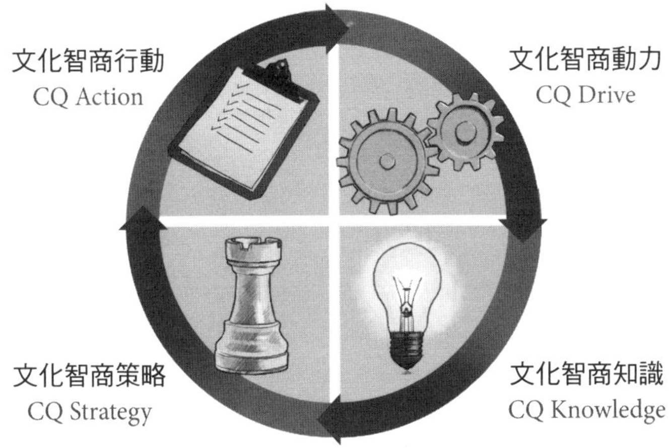

依據利弗莫爾的研究繪製[67]

在現今的全球商業戰場，文化智商已經不是可有可無的條件，而是有效處理經常出現的各種狀況所必備的利器。了解跨文化溝通的重要性的商業界人士，也會想了解生意上往來對象的文化的相關行為、規範與思想。了解自己的文化，以及別人的文化，就等於打好了策略思考的基礎。到了要採取行動的時刻，你已經做好萬全的準備，知道該說什麼、該怎麼說、該對誰說。你閱讀這本書，等於是向前邁進一大步，不斷累積文化知識與敏感度，未來能將多元勞動力的潛能發揮到極致。

管理多元文化團隊

商業界人士除了要了解文化差異之外，也要懂得如何發揮多元文化團隊的潛力。成功的經理人會：

- 發揮個別團隊成員的正面文化特質
- 運用文化智商，以適當的方式對待不同文化背景的人
- 與外國員工及同事建立信任關係
- 創造積極參與，互相尊重的環境
- 藉由團隊合作，發揮不同背景、觀點與思想的優勢

不同的族群共事，若能體諒彼此的差異，便能創造更大的商業價值。

無論在哪一個地方、哪一種文化，每一個員工置身充滿認同與鼓勵的環境，都會交出更好的績效。既然多元文化團隊是全球企業普遍的現象，精明的經理人必須了解每一位團隊成員的個人特質與文化特質，才能創造領先商場的工作環境。

舉例來說，美國、英國與德國員工需要管理團隊給予清楚的指示，否則不但很難運作，還會倍感壓力。以色列員工卻希望管理團隊能充分授權，需要主管給予足夠的自由與信任，才能把工作做好。

喜愛多樣性，敢於冒險，又有信心包容多元文化的全球商業界人士，會以開闊的心胸與同理心，了解其他的文化，也因此而成為未來的領袖。他們的行為、決策與選擇造就了有效率、能獲利的國際企業，也成就了日後在當代全球市場的成功。

有效管理多元文化團隊的兩個建議

領導多元文化團隊會遇到的跨文化問題，多半與批評有關，或者是主管與員工完全無法理解彼此的期待。以下是我的建議：

一、不分對象一律傾聽

給對方解釋自己的行為的機會，而不是還沒有傾聽對方的理由，就逕自要求對方按照你的方法做事。傾聽能獲得的知識，會比不傾聽多出許多。

二、保持慎重

無論員工來自哪一個文化背景，都不要在其他員工面前批評他。要批評最好私底下進行，而且記得要把重點放在最終的結果，不應該怪罪任何一個人。

這是打造一個互助合作的多元文化團隊的最佳方式，不僅能吸收每一位成員的長處，也能兼顧他們的需求與期待。

優秀的經理人會說明他對員工有哪些期待。優秀的國際經理人會考量每一位員工的文化背景，依據員工的價值與思想，調整他對員工的期待。

領導含有以色列人的虛擬團隊

領導任何虛擬團隊都不容易，領導一個含有以色列人的虛擬團隊更是艱難的挑戰。虛擬團隊跨越實體界線與文化界線，具有共同的目標，溝通與合作主要是透過網路，例如Slack（合作通訊平台）、Webex（網路會議與螢幕共享）、GoToMeeting（HD視訊會議）、Google Hangouts（即時通訊、視訊聊天、SMS與VOIP功能）以及其他許多新奇的

圖片來源：alphaspirit[68]

軟體程式，全都是促進虛擬團隊有效互動的工具。溝通會遭遇的障礙，則包括即時通訊與電子郵件的非語言訊息、團隊成員所處的時區差異，以及語言障礙。況且遠距離的信任關係極難建立，品質控制顯然也不容易。

基於種種原因，虛擬團隊需要強而有力的領導才能成功，因此經理人必須：

- 做一個可靠又討喜的表率，贏得團隊的信任
  —可靠：說到做到
  —討喜：與團隊成員建立交情，例如一對一交流，以及透露一些關於你自己的資訊
- 了解團隊成員希望透過虛擬會議，達成哪些目標
  —訂出目標
  —設定議程（嚴格遵守時間表）

- 要求團隊成員全力投入，立下完成期限
  —訂出明確的任務
  —畫分責任，避免旁觀者效應

虛擬團隊的成員如果來自各種文化背景，尤其是包括以色列人，那要做到以上這些就更不容易，因為：

一、以色列人的溝通風格

在沒有面對面互動的虛擬團隊，專心傾聽同事說話，不要打岔顯得格外重要。問題是以色列人固有的溝通風格，就是主動插話，聲高氣響，還會運用手勢取得發言權。遇到講究禮節的場合，很多以色列人就很難表達意見，團隊成員可能會很沮喪，覺得被誤解、被冒犯。

二、以色列人不拘小節

虛擬團隊必須嚴守預定的會議議程，作業時限與工作計畫也要嚴格依循，沒有計畫外或是非正式的社交交流。然而，以色列人是非正式溝通的專家，所以遇到按部就班的正式會議就很難發揮。以色列人最有價值的商務互動與腦力激盪，往往發生在咖啡機旁邊，或是在公司走廊。在這些實體環境，以色列人有機會聊天，而談天也是以色列企業文化不可或缺的一部分。以色列人最有創意的時候，是擁有創意思考，隨機應變的自由的時候。

管理虛擬團隊所需的技巧，與管理共用一個地點的幾個團隊所需的技巧不同。經理人需要相當高的情緒智商與文化智商，才能即時調整，解決跨越空間界線與文化界線的無數棘手問題。第一個關鍵在於了解團隊成員的主要文化特質，也就是前面所討論過的。

與以色列人共事會遇到的十件事

每一家企業的態度截然不同，所以十件事的內容也會有所不同，但這些仍然是每個與以色列人共事的人，應該知道的事項與細微差異。

一、創造動力 以色列員工在職場上從哪些事情得到動力？	責任、克服難關的挑戰、歸屬感、薪資與獎金、升遷的機會。
二、員工的期待 以色列員工對於管理團隊有哪些期待？	在企業內部充分授權、信任他們、給予合理的自由，支持他們。

三、經理人的期待 以色列經理人對於員工有哪些期待？	一種「辦得到」的態度、使命必達的決心、動力、忠誠、開放、誠實、承認錯誤並記取教訓，以及透明。
四、談判風格 什麼是以色列的招牌談判風格？	以人為導向、情感豐富、公開衝突（異議與辯論）、依照代價決定優先次序、零和（一方得益，另一方受損）。
五、對話話題 以色列人願意在職場上跟同事討論哪些話題？	以色列人幾乎什麼話題都能聊，也願意跟同事分享他們的私生活（家人與朋友）。但是薪資通常是禁忌話題。
六、完成任務 交代任務給以色列員工的最佳方式是什麼？需不需要再檢查一次？	把任務內容跟目標解釋清楚，的確有必要再檢查，以及開會確認進度。

七、主管的權威 以色列人如何看待主管的權威？	敬重主管（大多數時候）。以色列的職場有位階之分，但屬下也可以公然挑戰主管，即使在其他人面前也可以。但主管仍然是最終決策者。
八、績效評估 以色列人的工作表現是以哪些指標評量？	最終結果（是否成功）、關懷、參與程度、關係、跳脫框架的創意思考、投入額外的時間與努力。
九、建設性的意見 哪一種意見對以色列員工來說最具建設性？	意見的表達應該透明而直接，經常使用絕對形容詞。意見通常是私底下表達，但有時候也會在眾人面前表達。
十、工作與生活之間的平衡 以色列人如何平衡工作與生活？	每一家企業的情況差異很大。高科技產業人士為了配合全球的工作日與時區，常常會在晚上與週末工作。

深度探索：特定文化的觀察

縮短以色列人與美國人的文化差距

要提升以色列人與美國人的溝通品質，縮短文化差距，首先必須了解以色列人與美國人的主要文化特質，再加以比較，就能看出這兩種文化的合作會形成一個整體，比零碎部分的總和還強而有力。

我們在這本書的第二部分，詳細討論過以色列企業精神的每一個特質。現在我要再一次簡短介紹這些特質，並與美國文化比較：

I代表不拘小節（Informal）。以色列人不只是衣著不拘小節，彼此溝通也同樣不

拘小節。

以色列人跟主管相處絲毫不覺得拘束。下屬可以跟長官對話，甚至爭執，即使有其他同事在場也無所謂。在美國，位階的界線要比以色列清楚得多，也嚴格得多。下屬非常尊敬長官，就算要批評，也只會私底下單獨面對面批評。

S代表直言不諱（Straightforward），因為以色列人說話非常直接。

以色列人認為你錯了，會直接點明「你錯了」。美國人會以較為圓融的方式表達不同的意見，例如「你的建議聽起來很有意思。你覺得……怎麼樣」。以色列人說話直接多了，分不清這麼友善的話語究竟是不是代表真心認同。以色列人直話直說的習慣，在美國人看來會覺得粗魯、充滿企圖心。與以色列人共事，要記得這一點，不要把公務上的直來直往，與人際關係上的衝撞混為一談。

R是敢於冒險（Risk-Taking），A是雄心勃勃（Ambitious），E是積極創業

（Entrepreneurial）。

這三者相輔相成，因為一個創業家不但有很好的構想，也有實現構想所需要的雄心，還要願意冒險，不惜一切代價達到目的。以色列人敢於提出困難的問題，探索所有的可能性。大多數的美國商業界人士會嚴格執行工作計畫與時程，以色列人不見得會如此，但絕對不會忘了當初設定的目標。

L代表聲高氣響（Loud）。

所謂聲高氣響，不只是音量大，也代表企圖心強的精神，以及以色列整體的緊張感。外來訪客覺得在以色列沒有個人空間，肢體碰觸是家常便飯，還要經常面對一些很直接的問題。美國人必須了解，商務互動的聲高氣響，並不代表起了衝突，也不代表交易即將破局。這只是以色列人的風格，是對這個話題很感興趣的一種表現。對美國人來說，在工作場所大呼小叫，是一種不專業的行為，至少也是太誇張，會造成別人不自在。彬彬有禮是美國商業界的行為標準，在中東地區的以色列卻還在慢慢普及當中。

最後的I代表隨機應變（Improvisational），因為以色列人有創意，適應能力強，而且永遠都在跳脫框架創意思考。

美國人習慣按照工作計畫做事，很難接受以色列人不斷更動計畫。在多元文化背景的團隊，最好將每一個計畫切割成小塊，先確定美國人了解哪些地方有所變動，再進行下一個階段。同時也要知道以色列人的隨機應變雖然有時會帶來困擾，但也能衍生出許多偉大的構想，快速的進展，以及極佳的成果。

了解美國人與以色列人之間的文化差異，在溝通上就更能有同理心，懂得互相尊重，也能利用每一種文化的強項，在商場上擁有更大的斬獲。

縮短以色列人與德國人的文化差距

近來有不少德國商業界人士對以色列越來越有興趣。我最近幾年經常前往德國，為幾家非常傑出的德國企業舉辦課程，也接受德國的幾家專業期刊訪問。但凡兩個國家之間的商業往來更密切，就表示更需要優質的跨文化溝通技巧！

二〇一六年，慕尼黑行銷學院的十一位MBA學生訪問以色列，體驗以色列活潑的商業環境。一行人包括資訊科技、行銷、銷售、科技、娛樂以及醫療保健產業的資深專業人士。他們參觀Weissbeerger、Fortvision、Gauzy、SoftWheels在內的以色列企業與組織，以及以色列—德國商會，並在OLM顧問公司與我見面。我跟他們談了很多關於德國與以色列之間的文化差異，以及他們對以色列的第一印象。

以下列舉他們在以色列訪問期間的幾個感想：

克里斯（行銷主管）對於以色列人的「無懼心態」非常認同。這種心態就是可以接受失敗，但也要從失敗的經驗記取教訓，未來才能改進。

帕斯可（現場代表）表示很高興能在以色列看見這麼多德國產品，也很高興看到二次世界大戰與大屠殺結束七十多年之後，以色列人已經向前邁進，雖然沒有忘記歷史的傷痛，但還是能與德國人合作愉快。他也提到以色列人非常開放，眼神很友善。

奧利佛（企業溝通副總裁）說，他覺得以色列是矽谷與歐洲商業風格的綜合體，而且比較不拘小節。他也強調，以色列創業家從創業之始，就以國際市場為念。以色列的國內市場太小，所以以色列人從一開始就放眼全球市場，往後就不必再調整策略。

萊可（銷售與行銷經理）說，這一趟以色列訪問之旅收穫滿滿，不僅得到商業上的靈感，也收穫了新的構想、印象與可能性。她說，以色列人很親切，心胸開闊，總是很忙碌。

丹尼爾（顧問）提到以色列人的企圖心。他覺得那是一種堅定的，明智的放肆，迷人的敏銳，以及誘人的膽識的綜合體。他喜歡。他覺得以色列人不會浪費時間「繞著主題兜圈子」。每一次對話的意義與目的，都是一開始就闡明，不會拐彎抹角。

一般人對德國人的印象，是跟以色列人一樣直言不諱，但兩種風格還是有差異。相較於德國人，以色列人說話激動得多，所以聽起來比較直接而武斷。德國人會先整理思緒，再大聲表達出來，以色列人通常不會先整理思緒。

很多以色列人不會事先準備，就直接展開商業上的討論與大小專案。以色列人經常隨機應變，一有好構想就馬上執行，不會花太多時間規畫。德國人則是認為，規畫是任何專案必不可少的階段，因此在規畫階段投入不少時間與金錢。

這兩種文化之間的溝通並不容易，但只要雙方了解兩種文化的差異，適當合作，在同一個專案共事，也能享有兩種風格的優勢。他們可以判斷何時適合細細規畫，何時又應該隨機應變，敢於冒險。

縮短以色列人與中國人的文化差距

以色列與中國正在交往，而且就像每一個愛情故事，一開始讓你動心的原因，正是日後最讓你煩心的原因[69]。以色列與中國的關係有點複雜。大批中國人到以色列學習創業與創意思考。但在另一個方面，中國文化與以色列文化截然不同，短時間又很難改變。

以色列人一有了構想就馬上著手實踐的特質，與保守的中國文化正好相反。中國人講究精準、敬重與階級。中國文化主張先建立關係與信任，再進行商業合作，這顯然需要時間。在重視創新的以色列人的世界，沒有時間可以浪費，沒有階級之分，也沒有客套的距離。以色列人往往是經過嘗試錯誤，才會注意細節，在過程當中還會經常冒險。

《亞洲時報》刊登了不少探討中國與以色列的商業關係的文章，例如「中國與以色列的愛情與高科技故事」、「建立關係：以色列計畫雇用兩萬名中國建築工人」、「裴瑞斯如何打造中以關係」等等。問題是，以色列人知不知道中國人如何看待他們的商業行為？中國人又曉不曉得以色列人在商場上的主要行為特質，以及與以色列人共事的最佳方式？

這兩個國家有著相輔相成的關係。中國顧客對以色列感興趣，以色列顧客則是想到中國工作。中國是泱泱大國，以色列是蕞爾小國，但以色列握有大量的研發知識，尤其在醫學、水質淨化、農業以及其他重要領域方面。許多中國人很想學習這些知識，並與以色列人合作，以色列人顯然了解中國巨大的市場潛力。

要知道以色列人欠缺耐性，又有什麼事都想要自己來的特質，正是造就了以色列超級先進的高科技產業的創新文化的一部分，也是導致許多中國人厭惡以色列人的那種粗魯、不拘小節的文化的一部分。中國人想要慢慢與同事及顧客建立信任關係，以色列人卻常常急著要征服全世界。在以色列，每一位員工都自認為是無所不知的經理人，行事作風也是如此，大剌剌將專業意見聲高氣響說給每一個人聽。

在以色列，不懂可以直接說出來，主管也能考驗員工能力的極限。以色列人也能接受失敗，因為每一次失敗都是學習的契機，日後才會改進。但在中國，主管指定的任務要是超出員工的能力範圍，最後失敗收場，就等於是傷害了員工的自尊，導致員工沒有完成任務的動力。也許員工對你這位主管也會失去信心。

以色列與中國確實正在交往，要經營一段感情，徹底發揮彼此的長處並不容易。中國人與以色列人需要更了解彼此的企業文化，進而體諒（以及變通，甚至寬恕），創造商業領域的雙贏，這份感情也才得以「長長久久」。

縮短以色列人與非洲人的文化差距

我最近有幸為一家以色列全球企業舉辦跨文化溝通課程。學員包括來自西非與中非的員工，以及他們在以色列的同事。我認為最好的方式，是先讓非洲學員分享他們的文化，以及與以色列人共事所遭遇的困難。

文化可以有很多種定義：某個族群的特質與心態，或是語言、宗教、食物、習慣、藝術、價值、信仰、社會規範等等。所謂文化，是我們在表面之上所看見的一切，包括語言與非語言溝通，以及更重要的，也就是在表面之下所存在的一切，例如我們的基本思想與世界觀。

我在課堂上將學員依照所屬國家分為三組：西非人、中非人，以及以色列人。我再請每一組將他們國家的十大價值觀與文化特質列舉出來。以下是他們交出的清單：

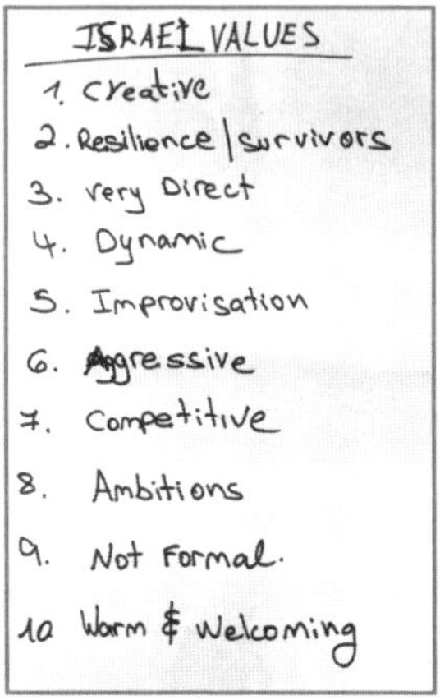
ISRAEL VALUES
1. Creative
2. Resilience | survivors
3. Very Direct
4. Dynamic
5. Improvisation
6. Aggressive
7. Competitive
8. Ambitions
9. Not Formal.
10 Warm & Welcoming

以色列

1. 創造力
2. 恢復力
3. 直言不諱
4. 活力
5. 隨機應變
6. 競爭力
7. 積極進取
8. 雄心勃勃
9. 不拘小節
10. 和藹可親

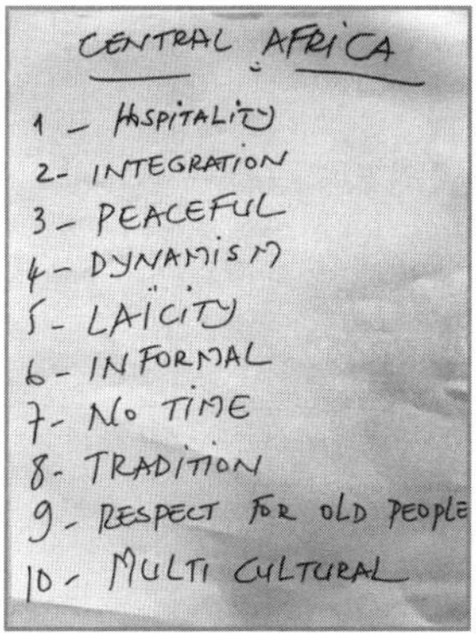
CENTRAL AFRICA
1 – HOSPITALITY
2- INTEGRATION
3 – PEACEFUL
4 – DYNAMISM
5 – LAÏCITY
6 – INFORMAL
7- NO TIME
8- TRADITION
9 – RESPECT FOR OLD PEOPLE
10 – MULTI CULTURAL

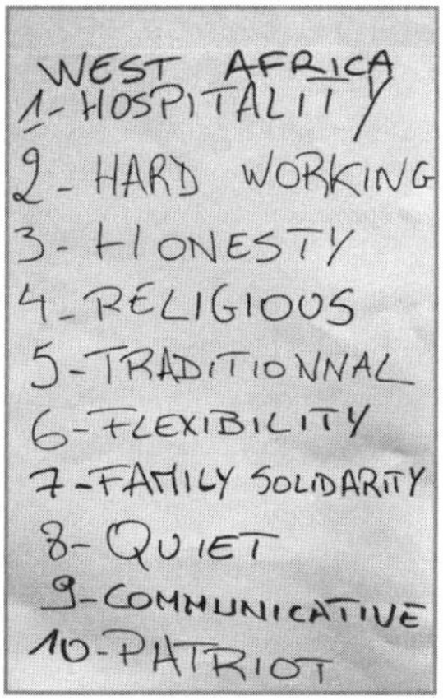
WEST AFRICA
1- HOSPITALITY
2 – HARD WORKING
3 – HONESTY
4 – RELIGIOUS
5 – TRADITIONNAL
6 – FLEXIBILITY
7 – FAMILY SOLIDARITY
8 – QUIET
9 – COMMUNICATIVE
10 – PATRIOT

中非

（來自喀麥隆、象牙海岸、剛果共和國的學員）

1. 熱情好客
2. 融入社會
3. 與世無爭
4. 活力
5. 包容宗教
6. 不拘小節
7. 彈性時間觀
8. 傳統
9. 敬重長者
10. 多元文化

西非

（來自尼日、布吉納法索、塞內加爾的學員）

1. 熱情好客
2. 工作認真
3. 誠實
4. 宗教
5. 傳統
6. 變通
7. 家族團結
8. 樸素
9. 溝通能力
10. 愛國情操

討論每一組的相同與不同之處，可以得到很多訊息，不過最重要的，還是西非學員與中非學員之間的對話。他們來自相當多元的背景（某些國家流通的方言超過兩百種），因此也樂意侃侃而談在非洲生活的種種難處，以及各族群所面臨的困難。這種多樣性是非洲最動人的美景，卻也是非洲發展社經實力的最大障礙。

我們在課堂上發現，每一個非洲國家都有一個代表動物，例如喀麥隆是獅子，布吉納法索是馬，象牙海岸是大象等等。我們以色列人心想，哪一個動物最能代表以色列？有一個學員說是「貓」，我也認同，因為我們總能脫離險境。但我們畢竟是個小國，所以也許螞蟻比較符合我們的形象，因為我們有螞蟻的勤奮，或者蜜蜂也不錯，因為我們吵鬧得很，又忙個不停……

以色列人的心聲需要有人聽見。我們常常彼此爭執，情緒激昂。西非人與中非人彼此說話有時也很激動，他們有些人比較能接受，有些則不太能接受這一點。我把梅爾的四象限矩陣印出來，請學員把他們國家的國旗放在圖上。從結果可以看出，這些非洲國家不只跟以色列有文化差異，彼此之間也有文化差異。

最重要的是要帶著同理心共事，了解不同文化背景的人有著不同的價值觀。我們需要具備高文化智商，作為溝通的利器，才能建造多元的團隊，讓整體發揮的效益大於個別的總和。換句話說，我們必須要有開放的心胸，將每一種文化的強項發揮到極致，不要將你自己，也就是你的文化覺得「不能接受」、「失禮」或是「多餘」的行為，誤解成人身攻擊。

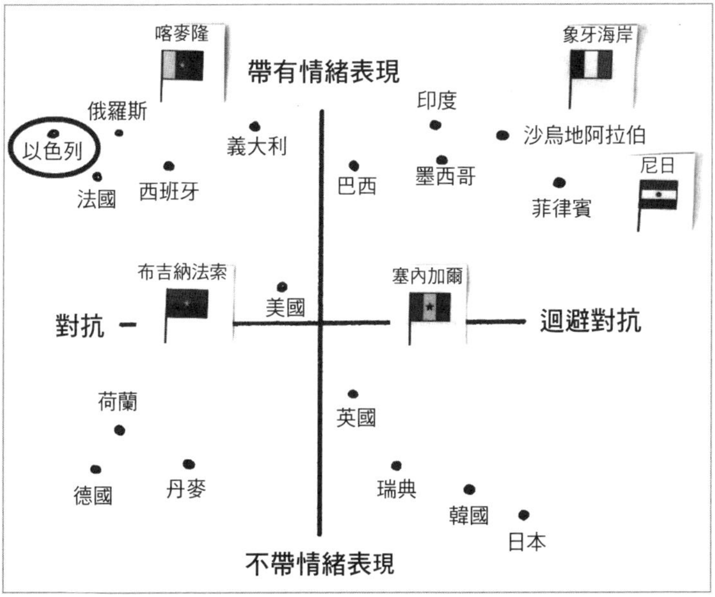

一則個人的故事、結論與新的開始

在特拉維夫一家餐廳的巧遇

拉涅爾是以色列最成功的企業家之一（見第二部分的「創始世代」）。以色列真是個小地方，我跟我先生有一次去特拉維夫的 Norman Hotel 頂樓的高級日式料理餐廳 Dinings 用餐，就在那裡巧遇拉涅爾。我們看了看菜單，馬上發現價格遠遠超出日常的預算，但還是留下來享受一杯酒，以及餐廳的氣氛。以色列第二大食品製造商 Strauss 的董事長史特勞絲，就坐在幾桌之外，而在吧檯坐在我附近的，正是……拉涅爾。

我承認我並不認識他，所以我需要一點點以色列人的不拘小節，才有勇氣朝他走過去，碰觸他的肩膀，對他說：「拉涅爾先生，很高興見到你。我是奧絲娜·勞特曼！」我這句話都還沒說完，他就站起來，露出大大的微笑，對我說：「妳跟那位很受歡迎的多弗·勞特曼是親戚嗎？」

二〇一三年十一月逝世的多弗·勞特曼，是一位企業家，也是以色列商人。他是 Delta Galil 紡織廠的創辦人與老闆、以色列製造商協會的總裁，也是以色列終身成就獎——社會民族特殊貢獻獎得主。我要是他的親戚，想必會認識很多像拉涅爾這樣的商界菁英，但我並不是。我祖父多年前為了尋找大屠殺之後失散的家人，曾經拜訪過多弗·勞特曼。兩個人說了幾小時的客套話，最後發現兩支勞特曼家族並沒有血緣關係。

拉涅爾聽見我的名字就起身，我也微笑以對。以色列人就是這樣。以色列的政商菁英與軍方的高層，很多都彼此認識。我用詼諧的口吻對拉涅爾說，他可以坐下了。我也對他說，我並不是多弗·勞特曼的親戚，之所以走上前來，是因為我寫了一本書，內容正好提到他。

我對他說，我寫的書《跟以色列人做生意，和你想的不一樣！》提出一個實用的模型，取七個英文字的字首組合成 ISRAELI，這七個英文字分別代表以色列企業文化的七種特質。我也對他說，他的成功故事出現在書中關於積極創業的章節，描寫他這位企業界鉅子是如何具有遠見，如何逆流而上，將夢想化為現實，又是如何憑藉直覺，做出一連串艱難的決策。他從特拉維夫的夜總會公關顧問做起，多年來發展到如今，一路上創辦又領導過許多傑出的企業。這樣的成功故事著實神奇。

拉涅爾聽完我說的話，看了我給他的整本書的電子檔，又再度起身，給我一個大大的擁抱，在我耳邊輕聲說：「這就是以色列女企業家，這就是以色列人的文化……這就是以色列人的不拘小節！」他記下我的電話號碼，說會繼續看完我的書，把感想寄給我。雖然我沒收到，至少目前還沒有，但我覺得這次相遇也算趣聞一則。

短短幾分鐘的不期而遇，正好呼應了我提出的模型的許多重點。我們的對話不拘小節（連衣著都不拘小節，穿著人字拖鞋、沒扣領的襯衫出現在高檔餐廳），我接近拉涅爾的方式，還有我們說的話都非常直接。還有聲高氣響，不在於音量，而在於跨越個人空間的界線：我碰觸他的肩膀，以及分別時的溫馨擁抱。當然也有隨機應變的時刻，那就是我把握機會，開啟一段精采又發人深省的對話。

以色列文化的主要特質與行為，往往給人粗魯充滿企圖心的印象，而源自意第緒語的 chutzpah（不拘小節）一詞已經是舉世皆知。這本書闡述了以色列人行事作風背後的價值觀與規範。運用從書中吸收的知識，你會更理解你的以色列同事，對他們的反感會降低。你也會從以色列同事身上，看到以色列人幾乎都具備的不拘小節，以及決心、雄心，以及大膽創新的思考。

文化上的專注

所謂專注，是在當下以某種方式，不帶批判的刻意關注。

——卡巴特—津恩教授 70

在多元文化的環境，專注是相當重要的特質。在職場，專注代表自己全心投入，也時時在意你在職場上的各種關係。如此就能認清現實、認識自我，更了解自己的文化帶給其他文化的印象。基於這個概念，我們必須了解自己的認同與文化，將這個知識擴大到對於其他文化與族群屬性的深層理解。

專注除了意識之外，也包括願意傾聽他人的意見，向他人學習，不去批判是非對錯！

我認為每個人在個人生活與職業生涯，都應該更加專注。面對身邊不同的文化，不要貼標籤，也不要批評，應該擁抱、接納、融合，也向這些文化學習。我們只要用心，就更能體恤周遭的一切。

最後的忠告

以色列擁有許多國際企業，以色列企業也有來自世界各國的員工，因此以色列人有更多的機會了解其他文化。近年來以色列人確實比過往更了解文化差異。為了縮短文化差異，以求日後能在商場上更上層樓，以色列人也願意秉持同理心與細心，調整自己的行為。

我建議大家與以色列人好好溝通，不要因為以色列人的一些溝通習慣而動怒，例如不拘小節或是太過直接的對話。不要將以色列人的行為當成人身攻擊，應該視為一種誠實溝通的契機。要有文化智商，未來的跨國與跨文化的商業交易才會是一片坦途。

祝你好運！

謝謝你閱讀這本書。

你可能已經注意到，這個第二版之所以會問世，是因為我收到許多讀者的回應，與我分享他們在職場及商場與以色列人共事的經驗。我當然衷心感謝這些讀者，也希望看完這本書的你，也能與我分享你的親身經歷，藉由我的部落格以及作品傳播出去，還能啟發其他的讀者。

歡迎參觀我的網站 olm-consulting.com，或是透過以下方式聯繫：

電子郵件：osnat@olm-consulting.com

LinkedIn 檔案：Osnat Lautman Mansoor

臉書：Israeli Business Culture; OLM-Consulting

中英名詞對照表

人物

三至五畫

山德森　Danny Sanderson
尤查拉比　Rabbi Shimon bar Yochai
巴瑞爾　Tomer Barel
戈爾丁　Hadar Goldin
戈藍　Yoav Galant
比利・克里斯托　Billy Crystal
加萊　Yaron Galai
卡巴特—津恩教授　Prof. Jon Kabat-Zinn
卡默　Shlomo Kramer
史特勞絲　Ofra Strauss
布拉特　David Blatt
布拉斯　Simcha Blass
本古里昂　David Ben-Gurion
本耶胡達　Eliezer Ben-Yehuda
瓦迪　Arik Vardi
甘茨　Benny Gantz

六至十畫

列文　Uri Levine
多弗・勞特曼　Dov Lautman
艾米爾　Amnon Amir
克茲　David Kurz
利弗莫爾　David Livermore
希納　Amir Shinar
李佛林　Reuben (Ruby) Rivlin
辛格　Saul Singer
亞阿隆　Moshe Ya'alon
帕洛爾　Ronen Barel
拉秀弗　Hanan Lashover
拉涅爾　Noam Lanir
拉斯婕教授　Stefanie Rathje
拉賓諾維奇教授　Prof. Chaim Rabinovitch
阿弗拉哈米　Avishai Avrahami
阿格西　Shai Agassi
哈涅弗　Ran Harnevo
迪岑哥夫　Meir Dizengoff

約西・瓦迪 Yossi Vardi
耶夏雅胡 Yeshayahu
胡普斯 Hoopes
席諾 Dan Senor
夏尼 Eyal Shani
夏布台 Ehud Shabtai
格列克曼 Eli Glickman
納坦雅胡 Benjamin Netanyahu
納馮 Yitzhak Navon
紐曼 Adam Neumann
馬隆 Eliezer ("Chiney") Marom
高弗博士 Dr. Amit Goffer

十一畫以上

梅達 Yovav (Jay) Meydad
梅爾 Erin Meyer
莎哈 Lucy Shahar
莫蘭 Dov Moran
麥克曼納敏 Dave McMenamin
麥克凱維 Miguel McKelvey
凱依達教授 Prof. Nachum Keidar
提羅許 Shlomo Tirosh
葛芬格 Yair Goldfinger
路易士 Richard D. Lewis
維吉瑟 Sefi Vigiser
裴瑞斯 Shimon Peres
霍夫斯塔德 Geert Hofstede
霍爾 Edward T. Hall
薛芙 Rebecca Schiff
薛德 Gil Shwed
賽門托夫 Tal Simantov
薩拉尼 David Tsalani
懷澤 Dave (Shahar) Waiser
羅斯斐 Yonatan Roshfeld
蘭斯博格 Bruno Landsberg

戰爭

六日戰爭 The Six-Day War
以色列獨立戰爭 The War of Independence
以埃消耗戰爭 The War of Attrition

西奈戰役　The Sinai Campaign
保護邊界行動　Operation Protective Edge
哈馬斯戰爭　Hamas Wars
馬加比起義　Maccabean Revolt
第一次巴勒斯坦大暴動　First Palestinian Intifada
第一次黎巴嫩戰爭　The First Lebanon War
第二次巴勒斯坦大暴動　Second Palestinian Intifada
第二次黎巴嫩戰爭　Second Lebanon War
贖罪日戰爭　The Yom Kippur War

節日

七七節　Shavuot
大屠殺暨英雄紀念日　Holocaust and Heroism Remembrance Day
以色列陣亡將士與恐怖攻擊罹難者紀念日　Memorial Day for the Fallen Soldiers of Israel and Victims of Terrorism
光明節　Hanukkah
住棚節　Sukkot
普珥節　Purim
猶太新年　Rosh Hashanah
逾越節　Passover
獨立紀念日　Independence Day
篝火節　Lag B'Omer
贖罪日　Yom Kippur

其他

二至五畫

八二〇〇單位　Unit 8200
切爾克斯人　Circassians
巴伊蘭大學　Bar-Ilan University
《文化碰撞》　*When Cultures Collide*
以色列行動協會　Israel Mobile Association
以色列科技獎　Israel Prize in Technology
以色列理工大學　Technion University
以色列創新局　Israeli Innovation Authority
以色列機場管理局　Israel Airports Authority
以色列聯合黨　Likud

卡達乾酪　cottage cheese
正大聯合會計師事務所　Grant Thornton
民族優越感　Ethnocentricity

六畫以上

全球活力指數　Global Dynamism Index
多工文化　polychronic culture
低情境文化　low-context culture
帕羅奧圖市　Palo Alto
阿什肯納茲猶太人　Ashkenazi Jews
非利士人　Philistines
炸小牛肉片　schnitzel
科技與法律　Tech & Law
美國退伍軍人事務部　U.S. Department of Veterans Affairs
弱化詞　downgrader
特拉維夫馬卡比隊　Maccabi Tel Aviv
馬拉瓦赫煎餅　malawach
高情境文化　high-context culture
強化詞　upgrader
情感信任　affective trust
教育科技展　Edtech
《創業之國以色列》　*Start-up Nation*
《過境點》　*Border Crossings*
單工文化　monochronic culture
最簡可行產品　Minimum Viable Product
猶太復國主義　Zionism
猶地亞　Judea
番茄蛋　shakshuka
塞法迪猶太人　Sephardic Jews
《新消息報》　Yediot Ahronoth
認知信任　cognitive trust
德魯茲派　Druze
慕尼黑行銷學院　Munich Marketing Academy
《環球報》　Globes
櫻桃番茄　Cherry Tomatoes
鐵穹　Iron Dome
權力距離　power distance
鷹嘴豆泥配芝麻醬　humous/ tahini

注釋

緒論

1 Quora. (2012, July 3). Why are Israeli people so hard to work with? Retrieved from www.quora.com/Why-are-Israeli-people-so-hard-to-work-with/

2 1981, cited in Layes, G. (2010). Intercultural learning and acculturation. *In Handbook of intercultural communication and cooperation* (2nd ed.). A. Thomas, E. Kinast, & S. Schroll-Machl (Eds). Gottingen, Germany: Vandenhoeck & Ruprecht, p.113.

3 Rathje, S. (2015, May 20). Multicollectivity. [Slideshow]. *SIETAR Europa Congress 2015*. p. 17. Retrieved from https://www.sietareu.org/images/stories/congress2015/presentations/Saturday/Rathje_Multicollectivity.pdf

4 ibid. p. 20

第 I 部

5 Pridan, M. (1958, April 25). IL declaration re-enactment 1958 [Public domain digital image]. *Wikimedia Commons*. Retrieved from https://commons.wikimedia.org/wiki/File:IL_Declaration_re-enactment1958.jpg

6 Knesset website. (n.d.). Proclamation of Independence. Available from www.knesset.gov.il/docs/eng/megilat_eng.htm

7 Mishella. (n.d.). Declaration of Independence... [Royalty-free stock image]. *Shutterstock*. Retrieved from https://www.shutterstock.com/image-photo/declaration-independence-state-israel-1948-34558216?src=i2FvmWC63aE37mrr5ZHpMw-1-4

8 CBS. (2017, December 31). Press release: Population of Israel on the eve of 2018 - 8.8 million. [In Hebrew]. *Central Bureau of Statistics*. Retrieved from http://www.cbs.gov.il/reader/newhodaot/hodaa_template.html?hodaa=201711387.

9 Zeltzer-Zubida, A., & Zubida, H. (2012, July). Israel studies: An anthology: Patterns of immigration and absorption in Israel. *Jewish Virtual Library*. Retrieved from http://www.jewishvirtuallibrary.org/israel-studies-an-anthology-immigration-in-israel

10 Barak, O., & Sheffer, G. (2013). *Israel's security networks: A theoretical and comparative perspective*. Cambridge, UK: Cambridge University Press.

11 Kalman, M. (2013, August 12). Israeli military intelligence unit drives country's hi-tech boom. *The Guardian*. Retrieved from www.theguardian.com/world/2013/aug/12/israel-military-intelligence-unit-tech-boom

12 Schwartz, N. (2015, May 11). Cavaliers coach David Blatt compares himself to a fighter pilot. *USA Today*. Retrieved from ftw.usatoday.com/2015/05/david-blatt-fighter-pilot-lebron-james-cavaliers

13 Schiff, R. L. (1992). Civil-military relations reconsidered: Israel as an 'uncivil' state. Security Studies, 1(4), 636-658.

14 Kolodetsky, Menachem. (2017). CBS data: Only 9% ultra-Orthodox in Israel. [In Hebrew]. *Actualic*

News. Retrieved from http://actualic.co.il/9--נתוני-הלמס-רק/אחוז-חרדים-במדינה

15 Cohen, D. (n.d.). Hasidic ultra-Orthodox Jewish children... [Royalty-free stock image]. *Shutterstock*. Retrieved from https://www.shutterstock.com/image-photo/hasidic-ultra-orthodox-jewish-children-look-1017833515

16 IDF/Matanya. (2011, March 28). Iron dome battery deployed near Ashkelon [Israel Defense Forces photograph uploaded on September 19, 2011]. *Wikipedia Commons* [License: https://creativecommons.org/licenses/by/2.0/legalcode]. Retrieved from https://he.wikipedia.org/wiki/:Iron_Dome_Battery_Deployed_Near_Ashkelon.Jpg

17 US State Department. (2018, April. 29). Benjamin Netanyahu April 2018 [Public domain cropped digital image]. *Wikimedia Commons*. Retrieved from https://commons.wikimedia.org/wiki/File:Benjamin_Netanyahu_April_2018.jpg

18 The World in HDR. (n.d.). Colorful picture of Knesset... [Royalty-free stock image]. *Shutterstock*. Retrieved from https://www.shutterstock.com/image-photo/colorful-picture-knesset-israel-israeli-parliament-336166106

19 Gideon, K./GPO Israel. (2017, July 4). Ruby Rivlin presented certificates... [Cropped digital image]. Wikimedia Commons [License: https://creativecommons.org/licenses/by-sa/3.0/legalcode]. Retrieved from https://commons.wikimedia.org/wiki/File:Ruby_Rivlin_presented_certificates_of_excellence_to_the_outstanding_officers_of_the_Shin_Bet_(GPO704).jpg

20 World Economic Forum. (2005). Shimon Peres 2005 [Cropped digital image]. *Wikimedia Commons*

[License: https://creativecommons.org/licenses/by-sa/2.0/legalcode]. Retrieved from https://commons.wikimedia.org/wiki/File:Shimon_Peres_2005.jpg

21 Yaakov, Saar/GPO. (1994, November 24). The Nobel Peace Prize laureates... [Digital image]. Flickr [License: https://creativecommons.org/licenses/by-sa/3.0/legalcode]. Retrieved from https://he.m.wikipedia.org/wiki/צבוק :Flickr_-_Government_Press_Office_(GPO)_-_THE_NOBEL_PEACE_PRIZE_LAUREATES_FOR_1994_IN_OSLO..jpg

22 Jerusalem Institute. (2017). Population. Jerusalem: Facts and trends 2017 – The state of the city and changing trends. Retrieved from en.jerusaleminstitute.org.il/.upload/publications/Jeruslaem%20Facts%20and%20Trends%20-%202.Population.pdf, p. 2.

23 JekLi (n.d.). The Temple Mount... [Royalty-free stock image]. *Shutterstock*. Retrieved from https://www.shutterstock.com/image-photo/temple-mount-western-wall-golden-dome-519093583?src=URE3lbiU1U0qDli-mNaj7g-1-2

24 Rabi, I. (2015, September 20). Israel best investment after Silicon Valley – Deloitte." *Globes*. Retrieved from www.globes.co.il/en/article-deloitte-israel-best-for-investment-after-silicon-valley-1001069595

25 World Population Review. (2018). Tel Aviv population 2018. Retrieved from http://worldpopulationreview.com/world-cities/tel-aviv-population/

26 同注22

27 Todorovic, A. (n.d.). Panoramic view Tel Aviv... [Royalty-free stock image]. *Shutterstock*. Retrieved from https://www.shutterstock.com/image-photo/panoramic-view-telaviv-public-beach-on-

101887351?src=SVp0_EWuA71bK0Sifxcz1A-1-4

28 Qtd in Finkler, K. (2018, March 19). Independence trail in Tel Aviv. [In Hebrew]. *Channel 7*. Retrieved from www.inn.co.il/News/News.aspx/368898

29 Teicher, A. (2009, May 28). Statue of Mayor Meir Dizengoff... [Digital image]. *Wikipedia*. Retrieved from https://he.m.wikipedia.org/wiki/ קובץ :Statue_of_Mayor_Meir_Dizengoff_on_a_Horse_in_Tel_-Aviv.jpg

30 McClean, Z. J. (n.d.). Israeli sabih [Royalty-free stock image]. *Shutterstock*. Retrieved from https://www.shutterstock.com/image-photo/israeli-sabih-666256042?src=y5G9beefBn7Z8hh1ciWu3w-1-2

31 Alefbet. (n.d.). Fabric succah decorated... [Royalty-free stock image]. *Shutterstock*. Retrieved from https://www.shutterstock.com/image-photo/fabric-sukkah-decorated-printed-pattern-hebrew-540430642

32 SigDesign. (n.d.). Israel memorial day and independence day... [Royalty-free stock image]. *Shutterstock*. Retrieved from https://www.shutterstock.com/image-vector/israel-memorial-day-independence-banner-sadness-1036140271

33 Ynet. (2014, April 4). 94% conduct a Seder; 56% say the leavened products law is essential. [In Hebrew]. *Ynet*. Retrieved from https://www.ynet.co.il/articles/0,7340,L-4212338,00.html

34 Hacohen, Y. (2010, November 30). Surprising? 93 percent light Hanukkah candles. [In Hebrew]. *B'Chadrei Chadarim*. Retrieved from http://www.bhol.co.il/news/77048

35 Nachshoni, K. (2016, October 9). Yom Kippur 5777: 61% will fast, 38% will pray. [In Hebrew]. *Ynet*.

Retrieved from https://www.ynet.co.il/articles/0,7340,L-4864015,00.html

第二部

36 Teicher, A. (2015, September 25). Sculpture of David Ben Gurion... [Digital image]. *Wikimedia Commons* [License: https://creativecommons.org/licenses/by/2.5/legalcode]. Retrieved from https://commons.wikimedia.org/wiki/File:PikiWiki_Israel_45054_Sculpture_of_David_Ben_Gurion_in_Tel_Aviv_beach.JPG

37 Schmidl, E. (2012, May 11). Zuckerberg slammed for wearing hoodie on IPOroadshow. *Smart Company*. Retrieved from www.smartcompany.com.au/people-human-resources/leadership/zuckerberg-slammed-for-wearing-hoodie-on-ipo-roadshow-but-what-do-local-entrepreneurs-think-about-dress-codes/

38 Hofstede, G. (1991). *Cultures and organizations: Software of the mind*. New York, NY: McGraw-Hill.

39 Yehoshua, Y. (2014, August 7). Lieutenant Eitan ran to the tunnel: 'I don't want a medal, I'm no hero. This is what's expected of every combat soldier. [In Hebrew]. *YNet*. Retrieved from www.ynet.co.il/articles/0,7340,L-4555865,00.html

40 Hall, E. T. (1967). *Beyond culture*. New York, NY: Anchor Press.

41 Meyer, E. (2015, December). Getting to si, ja, oui, hai, and da. *Harvard Business Review*. Retrieved from hbr.org/2015/12/getting-to-si-ja-oui-hai-and-da

42 Meyer, E. (2014). *The culture map: Breaking through the invisible boundaries of global business*. New

York, NY: PublicAffairs, p. 168.

43 Rottier, B., Ripmeester, N., and Bush, A. (2011). Pediatric Pulmonology, 46, 409–411. Retrieved from http://www.labourmobility.com/wp-content/uploads/2011/07/Pedriatic_Pulmonoly_finalversion.pdf

44 Peretz, S. (2010, August 4). The Israeli genome: What makes Israeli entrepreneurs so successful?" [In Hebrew]. *Globes*. Retrieved from www.globes.co.il/news/article.aspx?did=1000579269.

45 qtd. in Hartog, K. (2018, June 11). Stars come out in Hollywood to celebrate Israel's 70th anniversary. *The Jerusalem Post*. Retrieved from www.jpost.com/Diaspora/Stars-come-out-in-Hollywood-to-celebrate-Israels-70th-anniversary-559675

46 LeWeb. (2011, December 9). Yossi Vardi... [Digital image]. *Flickr* [License: https://creativecommons.org/licenses/by/2.0/legalcode]. Retrieved from https://www.flickr.com/photos/leweb3/6482015301

47 Berman, A. (2013, February 28). ISRAEL: The godfather of Israeli high tech. *San Diego Jewish Journal*. Retrieved from http://sdjewishjournal.com/sdjj/march-2013/israel-the-godfather-of-israeli-high-tech/

48 Avriel, Eytan. (2015, June 11). These are the 500 richest people in Israel. Haaretz. Retrieved from https://www.haaretz.com/israel-news/business/.premium-who-are-the-500-richest-israelis-1.5371205

49 Senor, D., & Singer, S. (2009). *Start-up nation: The story of Israel's economic miracle*. New York, NY: Twelve Books.

50 Halperin, I. (2013, December 20). Israel: at the forefront of global innovation. Grant Thornton. Retrieved from http://www.grantthornton.com.mx/en/insights/blogs/blog-at-the-forefront-of-global-

innovation/

51 Doing Business. (2016, October 25). Doing business 2017: Equal opportunity for all. *The World Bank*. Retrieved from http://www.doingbusiness.org/reports/global-reports/doing-business-2017.

52 Peretz, S. (2010, August 4). The Israeli genome: What makes Israeli entrepreneurs so successful?" [In Hebrew]. *Globes*. Retrieved from www.globes.co.il/news/article.aspx?did=1000579269.

53 Alba, A. (2016, April 11). A conversation with Uri Levine: Advice, anecdotes from the man who sold Waze to Google for $1.1 billion. *NY Daily News*. Retrieved from www.nydailynews.com/news/national/advice-uri-levine-man-sold-waze-1-1b-article-1.2596074

54 Tsalani, D. (2014, June 18). Your ultimate guide to minimum viable product (+great examples). *Fast Monkeys – Official Blog*. Retrieved from blog.fastmonkeys.com/2014/06/18/minimum-viable-product-your-ultimate-guide-to-mvp-great-examples/

55 Wierzba. (2010, March 16). Yitzhak Navon [Public domain cropped digital image]. *Wikipedia*. Retrieved from https://he.wikipedia.org/wiki/ קובץ:Yitzhak_Navon_1.jpg

56 qtd. in Navon, 2009, Sherki, Y. (2015, November 11). The videotaped will that Navon left behind. [In Hebrew]. *Mako*. Retrieved from https://www.mako.co.il/news-channel2/Channel-2-Newscast-q4_2015/Article-66efecad228f051004.htm

57 Hall, E. T. (1966). *The hidden dimension*. New York, NY: Doubleday, pp. 119-125.

58 Hall, E. T. (1959). *The silent language*. New York, NY: Doubleday.

59 Rawpixel.com. (n.d.). Alarm timing clock... [Digital image]. *Shutterstock*. Retrieved from https://

www.shutterstock.com/image-photo/alarm-timing-clock-schedule-punctual-time-523875211
60 Haaretz. (2016, September 28). Shimon Peres on life, war, and Israel: 10 best quotes [Quoted from Peres' biography of David Ben-Gurion]. *Haaretz*. Retrieved from https://www.haaretz.com/israel-news/shimon-peres-on-life-war-and-israel-10-best-quotes-1.5443972
61 Yanay, K. (2016, January 27). 19 fascinating Hebrew words that don't have any direct translation in English. *Thought Catalog*. Retrieved from thoughtcatalog.com/kiley-yanay/2016/01/19-beautiful-hebrew-words-that-dont-have-any-direct-translation-in-english/)
62 Lewis, R. D. (1996). *When cultures collide: Managing successfully across cultures*. London, UK: Nicholas Brealey Publ.
63 Lightspring. (n.d.). Drawing a bridge... [Royalty-free stock image]. *Shutterstock*. Retrieved from https://www.shutterstock.com/image-illustration/drawing-bridge-conquering-adversity-business-concept-347537057
64 All rights reserved to Danny Sanderson and ACUM
65 Shahar, L., & Kurz, D. (1995). *Border crossings*. London, UK: Nicholas Brealey Publ., pp. 66-7.

第三部

66 McLean, G. N. (2006). *Organization development: Principles, processes, performance*. Oakland, CA: Berrett-Koehler, pp. 104-5.
67 Livermore, D. (2011). The cultural intelligence difference. *American Management Association*. New

York, NY: AMACOM, pp. 41, 69, 107, 141.

68 Alphaspirit. (n.d.). Social network connection... [Royalty-free stock image]. *Shutterstock*. Retrieved from https://www.shutterstock.com/image-photo/social-network-connection-between-men-women-247679242

69 Lautman, O. (2016, December 20). China & Israel business relations: A love upgrade. *Asia Times*. Retrieved from www.atimes.com/china-israel-business-relations-love-upgrade/

一則個人的故事、結論與新的開始

70 qtd by Mindful Staff. (2017, January 11). Jon Kabat-Zinn: Defining mindfulness. *Mindful*. Retrieved from www.mindful.org/jon-kabat-zinn-defining-mindfulness/

ISRAELI BUSINESS CULTURE: building effective business relationships with Israelis, revised and expanded second edition

Original English edition published by Gefen Publishing House Ltd.

跟以色列人做生意，和你想的不一樣！

造就以色列成為科技強國的七大溝通和創新模式

作者	奧絲娜・勞特曼（Osnat Lautman）
譯者	龐元媛
主編	劉偉嘉
校對	魏秋綢
排版	謝宜欣
內頁插圖	Shany Atzmon，Niv-Books
封面	萬勝安
社長	郭重興
發行人兼出版總監	曾大福
出版	真文化／遠足文化事業股份有限公司
發行	遠足文化事業股份有限公司
地址	231 新北市新店區民權路 108 之 2 號 9 樓
電話	02-22181417
傳真	02-22181009
Email	service@bookrep.com.tw
郵撥帳號	19504465 遠足文化事業股份有限公司
客服專線	0800221029
法律顧問	華陽國際專利商標事務所　蘇文生律師
印刷	成陽印刷股份有限公司
初版	2019年8月
定價	380元
ISBN	978-986-97211-7-2

歡迎團體訂購，另有優惠，請洽業務部 (02)22181-1417 分機 1124、1135

國家圖書館出版品預行編目 (CIP) 資料

跟以色列人做生意，和你想的不一樣！造就以色列成為科技強國的七大溝通和創新模式／奧絲娜・勞特曼（Osnat Lautman）著；龐元媛譯．
-- 初版．-- 新北市：真文化，遠足文化，2019.08
面；公分 --（認真職場；5）
譯自 : Israeli business culture: building effective business relationships with Israelis
ISBN 978-986-97211-7-2（平裝）
1. 組織文化 2. 組織傳播 3. 以色列
494.2　108010091